连续体结构强非线性仿真
——离散实体单元法

Strong Nonlinear Simulation of Continuum Structures
Discrete Solid Element Method

冯若强　朱宝琛　王　希　著

科学出版社

北京

内 容 简 介

本书系统地总结了作者近年来关于离散实体单元法的研究成果。全书共六章，第一章介绍了数值计算方法发展历程；第二章介绍了三维离散实体单元法的物理模型和基本原理、运动方程的推导、接触本构方程的建立、阻尼和计算时步的确定；第三章介绍了离散实体单元法的应变能密度的计算、弹簧刚度系数与材料弹性常数关系式的确定、几何大变形分析；第四章介绍了离散实体单元法理想弹塑性和双线性等向强化弹塑性本构模型的建立、流动准则、加卸载准则和接触力增量计算流程的建立、弹塑性大变形分析；第五章介绍了离散实体单元法边界球元的分类、各类边界球元弹簧刚度系数的确定及边界效应分析；第六章介绍了离散实体单元法裂纹扩展准则、断裂软化模型的建立及动态断裂分析。

本书可供从事土木工程及力学等相关专业人员和研究生参考，也可供有关工程软件技术人员参考。

图书在版编目(CIP)数据

连续体结构强非线性仿真：离散实体单元法/冯若强, 朱宝琛, 王希著. —北京：科学出版社, 2021.12
ISBN 978-7-03-070846-5

I. ①连⋯ II. ①冯⋯ ②朱⋯ ③王⋯ III. ①工程计算 IV. ①TB115

中国版本图书馆 CIP 数据核字（2021）第 256129 号

责任编辑：刘信力 / 责任校对：彭珍珍
责任印制：吴兆东 / 封面设计：无极书装

科学出版社 出版
北京东黄城根北街 16 号
邮政编码：100717
http://www.sciencep.com
北京中科印刷有限公司印刷
科学出版社发行　各地新华书店经销

*

2021 年 12 月第 一 版　开本：720 × 1000　1/16
2025 年 2 月第二次印刷　印张：12 1/2
字数：25 000
定价：118.00 元
（如有印装质量问题，我社负责调换）

前　　言

　　本书从数值计算角度出发，以连续体结构的强非线性问题为研究主线，提出了三维离散实体单元法。对离散实体单元法的力学理论、数学方程、物理模型、计算流程等方面进行了系统的研究，对大变形、强材料非线性、褶皱、动力屈曲和裂纹扩展等问题进行了分析，实现了结构从连续介质向非连续介质转化的全过程仿真。通过对研究成果进行整理和精炼，形成本书各章节内容。

　　离散实体单元法采用一个广义而系统化的分析框架，球元的运动公式为标准形式，与结构的几何变形和行为模式没有关系，无需迭代求解非线性方程组，计算过程中不存在整体刚度矩阵的集成与求逆，对于大变形、强材料非线性等复杂问题具有良好的适用性。散实体单元法具有简单的裂纹执行方式，当裂纹尖端球元间的弹簧满足断裂准则时，通过打断球元间的弹簧实现裂纹的扩展。离散实体单元法避免了裂纹尖端附近的复杂应力场和位移场的处理，无需计算裂缝的开裂角，根据弹簧的软化模型自动进行弹簧的断裂判断，离散实体单元法能够实现复合裂纹扩展的全过程仿真。在计算过程中允许球元发生分离，不需要进行网格划分与修正，不存在网格畸变问题，克服了传统有限元方法解决裂纹扩展问题的局限性，离散实体单元法处理断裂问题具有较强的优势。

　　东南大学研究生宁小美、贺傅江山、吴鹏参与了有关章节的撰写、素材整理和文字编辑等工作。

　　由于作者水平有限，书中难免存在不妥之处，恳请读者批评指正。

作　者

2021 年 11 月

目 录

第一章 绪 论

1.1 背景及意义

在工程科学研究领域，对于复杂的力学问题和物理问题，采用解析方法对其数学模型进行计算时，由于数学方程的非线性和求解域的复杂性很难得到精确的结果。为了克服解析方法的局限性，长期以来，科研人员创建和发展了一种新的解决方法——数值计算方法。特别是近几十年来，随着电子科学与计算机技术的飞速发展和广泛使用，各种新型数值计算方法相继提出，为解决结构的大变形、强材料非线性、冲击和断裂等复杂力学问题提供了新的解决途径 [1]。目前，在土木工程领域，科学问题的研究主要采用的方法包括科学试验、理论分析和数值计算，三种研究方法相辅相成推进土木工程学科的发展。由于结构试验的费用较高并且一些力学性能参数很难测得等限制条件 [2]，数值计算方法已经成为理论实践和工程设计中不可缺少的重要手段。作为科学问题的重要研究工具，数值分析在土木工程学科中具有重要的地位。

在结构的寿命服役期内，可能会遭受爆炸、火灾、强震和恐怖袭击等突发灾害事件，这将引起结构的局部破坏和整体倒塌问题 [3]。这些问题通常伴随着结构的几何非线性、材料非线性、断裂和冲击等复杂力学问题，在极端荷载下，结构将从连续体转变为非连续体，原有的内力平衡被打破，结构在变形过程中寻求新的内力传递路径，直至结构出现新的平衡状态。对于这类强非线性问题的全过程数值仿真研究多年来一直是研究的热点和难点。

在计算力学领域，数值计算方法可分为两大类：连续介质力学方法和非连续介质力学方法。连续介质力学方法是将分析的系统简化为数学意义上的连续体并基于变分原理得到问题的解答，其中有限元方法 (Finite Element Method，FEM) 因理论更加完善、拥有大量成熟的商业软件，近几十年在结构工程、岩土工程、流体力学、电磁学等领域已得到了广泛应用。FEM 的基本特点为：(1) 求解域是连续的，必须满足位移连续条件和变形协调方程；(2) 需要划分网格并且结构的力学响应对网格存在极强的依赖性；(3) 需要求解非线性方程组和进行刚度矩阵运算，并且伴随结果不收敛问题，非线性问题计算效率偏低；(4) 最关键的一点是 FEM 难以处理不连续和断裂等复杂力学问题。

FEM 的理论基础是变分原理和连续体力学，由于网格畸变严重、单元消失和位移场不连续等困难，如图 1.1(a)~(c) 所示，采用该方法较难计算结构的大变形、断裂和强材料非线性等力学行为，需要引入其他方法或技术对其进行改进和修正。如 Wang 等 [4] 重新定义了离散的弱梯度算子，基于此算子建立了二维泊松方程，用于解决二维几何大变形问题。Kopacz 等 [5] 根据耗散定理修正了流体方程，用于计算流体中粒子之间的接触碰撞问题。Cloud 等 [6] 研究了 FEM 中非线性浅壳的平衡问题，Desai 等 [7] 建立了薄层单元用于模拟非连续截面的断裂问题。当结构涉及几何非线性和材料非线性问题时，计算过程中需要求解非线性方程组与迭代计算，不仅耗时，而且很难控制数值计算的收敛性与稳定性。另外，如果此时结构再经历断裂等非连续问题，基于连续体力学的数值方法仍然要求离散结构体系满足连续条件，将造成连续介质方法的计算更加复杂，求解更加困难。

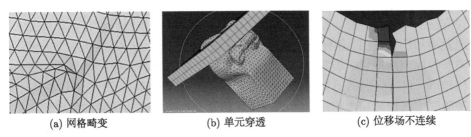

(a) 网格畸变　　　　　　　　　(b) 单元穿透　　　　　　　　　(c) 位移场不连续

图 1.1　FEM 中存在的主要问题

1.2　数值计算方法现状

在土木工程中，结构在荷载作用下产生大变形从而进入非线性工作阶段，直至发生破坏的过程中，通常涉及结构的几何非线性、材料非线性和断裂等复杂行为。在计算分析中进行结构的大变形、强非线性和断裂问题的全过程仿真，从而实现结构从连续体向非连续体的转换，这对现有的数值计算方法是一项巨大的挑战。为了克服 FEM 的局限性，各国学者对此做出了很多研究工作，开始尝试采用非连续介质计算方法解决连续体向非连续体发展的问题，提出了各种各样的数值模型和数值方法，主要包括有限质点法、无网格法、非连续变形分析法、数值流形法和离散单元法等。这些数值方法彼此取长补短，相互借鉴又相互融合，为数值计算领域注入新的血液，推动了数值方法的发展，使得我们掌握的分析方法不断拓展与深入。下面将阐述近年来数值计算方法的发展与现状。

1.2.1　扩展有限元法

扩展有限元法 (Extended Finite Element Method，XFEM) 是目前处理材料断裂问题的杰出代表之一。XFEM 由美国学者 Belytschko[8] 和 Black[9] 于 1999 年提出，首次应用 XFEM 模拟了线弹性裂纹的扩展。基于传统 FEM，当采用

XFEM 模拟裂纹扩展时,计算对象的连续区域仍然应用传统 FEM,在包括不连续边界的较狭窄的计算区域内,修正传统有限元的位移近似函数,增加了对不连续边界的描述函数。在满足单位分解的前提下,在位移近似函数中增加反应裂纹间断特性的函数项,称为富集函数 (Enrichment Funciton)[10]。同时,采用水平集方法 (Level Set Method,LSM) 或快速推进法 (Fast Marching Method,FMM) 建立单元间断界面 [11],使裂纹间断特性的描述独立于有限元网格。与传统 FEM 相比,最根本的区别是 XFEM 克服了裂纹尖端高应力和变形集中区进行高密度网格划分带来的困难,以及当裂纹扩展时也不需要对网格重新划分 [12]。

自 XFEM 提出以来,后经不同学者的发展和改进,目前 XFEM 已经广泛应用于各种断裂问题的研究中。Daux 等 [13] 建立了反映分叉裂纹单元间断性质的联结函数,对分叉裂纹和多裂纹交叉进行了 XFEM 模拟。Rethore 等 [14] 提出了一种基于拉格朗日守恒格式的用于计算二维裂纹扩展的动态应力强度因子的技术。陈亚宾 [15] 采用 XFEM 对素混凝土中裂纹开裂进行了系统地研究。茹忠亮等 [16] 建立了预留裂纹的钢筋混凝土梁的三维扩展有限元模型,应用软化模型对钢筋混凝土梁的复合断裂过程进行了模拟分析。Song 等 [17] 比较了 XFEM、元素删除法 (Element Deletion Method) 和互元裂纹法 (Interelement Crack Method) 处理裂纹扩展与裂纹分支的优势与不同。Fires 等 [18] 对 XFEM 的单位分解函数、近似函数和水平集方法等基本思想和公式进行了描述,并介绍了 XFEM 的程序实现和应用展望。

1.2.2 凝聚有限元法

另外一种连续体计算领域模拟裂纹扩展的数值模型为凝聚裂纹模型 (Cohesive Zones Model,CFM),也称为凝聚有限元法 (Cohesive Finite Element Method,CFEM)。凝聚模型的概念首先由苏联学者 Barenblatt[19] 于 1962 年提出,用于解决裂纹尖端的应力在理论上无穷大的问题。该模型假设在材料裂纹尖端存在凝聚力损伤区,当损伤区内应力满足凝聚力开裂准则时,单元沿着其边界发生分离,从而模拟裂纹的扩展 [20]。后经过 Hillerborg[21]、Xu[22]、Needleman[23]、Turon[24]、Ferté[25] 和张志春 [26] 等学者对 CFM 的发展和修正,将 CFM 与 FEM 相结合,采用 CFEM 对二维和三维的线弹性和弹塑性裂缝的扩展与裂缝的分叉进行了模拟分析。近年来,CFEM 用于微观尺度和多尺度断裂模型的研究中,He[27] 和 Guo[28] 分别基于 CFEM 建立了确定镁合金断裂韧性的微观方法,以及开发了嵌入式原子超弹性本构模型,通过原子信息确定中尺度和宏观尺度材料的力学行为。

对于裂纹扩展问题的研究,XFEM 和 CFEM 都取得了较好的研究成果,但是无论是 XFEM 还是 CFEM 都摆脱不了计算网格的限制。当材料中出现多条裂纹时,由于裂纹复杂的模拟机制和高密度网格等因素,这两类改进的 FEM 很难进行多条裂纹的扩展模拟。为了克服 FEM 这类网格类数值模拟方法解决裂纹扩展问题的局限性，近年来许多学者将研究重点转移到质点类、粒子类和无网格方法上，并做出了许多重要的研究工作。

1.2.3　有限质点法

美国普渡大学 Ting 教授[29]基于向量力学和数值计算结合的概念提出了直接用离散的"点值"和质点运动定律来描述结构行为的构想，在结构物理模型的基础上，引用广义向量式力学作为运动和变形的准则，发展了向量式结构与固体力学[30]。2006 年，罗尧治教授[31]基于向量式结构与固体力学的基本概念，提出了面向结构工程的数值分析方法——有限质点法 (Finite Particle Method，FPM)[32]，针对结构的非线性问题和不连续行为进行分析。该方法在空间上，将结构描述为一群质点的集合，质点间采用单元连接，用牛顿第二定律取代连续体的偏微分方程来描述质点的运动[33]。在时间上，将运动历程划分为一系列途径单元[34]。在内力计算上，采用虚拟的逆向运动获得单元的纯变形，从而采用材料力学公式计算内力。在运动公式求解上，采用中央差分的显示积分法[35]。

喻莹等[36]推导了 FPM 计算杆系结构的动力响应、几何非线性和材料非线性问题的方程，进行了双层网壳结构在周期荷载作用下破坏全过程的仿真研究[37]。杨超等[38]研究了 FPM 计算平面固体几何大变形问题。张鹏飞等[39]在 FPM 中建立了四面体实体单元，用于三维固体弹塑性问题的分析。屈曲、褶皱等失效行为是结构受力过程中经历了几何非线性和材料非线性的一类特殊现象，杨超[40]和罗尧治[41]根据张力场理论，采用 FPM 对薄壳结构的褶皱形态进行了研究，分析了各质点的受力状态，重点关注了褶皱区域的处理。王震等[42]推导了三角形薄壳单元 FPM 的内力方程，对薄壳结构的屈曲、后屈曲、破碎和碰撞等问题在 FPM 中的处理方式进行了讨论。

FPM 采用多质点的力学模型用于数值计算，近年来主要用于解决空间结构的复杂力学问题，采用统一的计算框架对结构的力学行为进行分析[43]，计算中不区分线性和非线性问题，对于强非线性问题不需要转换计算模块[44]。该方法不存在微分方程的假设，克服了函数描述的困难[45]。与 FEM 相比，FPM 在处理大变形、断裂、碰撞等问题方面具有较大的优势[46]。

1.2.4　无网格法

无网格法 (Meshless Method) 的研究起始于 20 世纪 70 年代，其核心内容为形函数的建立理论，这也是无网格法与 FEM 的根本区别之一。无网格法采用离散的点分解求解区域，通过离散的点构造近似函数，可以彻底或部分消除 FEM 计算网格的限制[47]，因此称为无网格法。该方法不需要划分分析对象的计算网格，在保证计算精度的前提下，减小了复杂力学行为的计算难度。但是，由于无网格法中近似函数普遍比较复杂并且一般不具有插值属性，因此无网格法的计算量较大并且本质边界条件的施加比较困难[48]。发展至今，无网格法相继已经提出了十多种，但是各种无网格法的本质区别为采用何种加权余量法和试探函数进行微分方程求解[49]，比如光滑质点流体动力学法 (Smooth Particle Hydrodynamics，SPH)、重构核粒子法 (Reproducing Knernel Particle Mehtod，PKPM)、无单元伽辽金法 (Element Free Galerkin Method，EFGM) 和小波粒子法 (Wavelet Particle Method，WPM)[50] 等。

1977 年 Lucy[51] 和 Gingold[52] 基于空间场函数和核函数的概念，首次提出了 SPH，并采用该方法研究了天体星系爆炸问题。为了解决 SPH 的计算精度和计算稳定性方面的问题，Johnson[53] 提出了标准平滑算法，Vignjevic[54]、Swegle[55]、Dyka[56] 和 Chen[57] 提出了 SPH 不稳定的因素和相应的稳定性优化方案。目前，该方法已经成功应用于高速冲击、爆炸、裂纹扩展等问题研究中。Belytschko[58] 在移动最小二乘近似法[59] 和 Nayoles[60] 工作的基础上，提出了 EFGM，该方法建立了动态裂纹扩展的实施方案，不对裂纹尖端附近位移场进行任何富集就能够得到精确的应力强度因子。张雄[61] 教授近年来致力于冲击爆炸等极端变形问题的数值模拟方法和软件研究，先后建立了物质点法的高效实现方案[62]、改进的物质点接触算法[63]、自适应物质点法[64]、物质点有限差分[65] 等，开发了三维显示并行物质点法仿真软件 MPM3D 软件。

无网格法不需要通过网格建立形函数，而是采用定义在离散点上权函数和基函数建立近似函数[66]，避免了复杂的网格划分过程，无网格法的优点主要有：(1) 无网格法的近似函数克服了网格依赖性的缺点，当涉及结构大变形问题时，解决了由网格畸变引起的不收敛问题；(2) 无网格法的基函数能够反映待求问题特性的函数序列，适用于解决具有高梯度和奇异性等特殊性质的问题；(3) 无网格法易于构造高阶连续的近似函数，不需要进行应力光顺化处理；(4) 无网格法能够自由地增加或减少离散点，解决断裂、冲击等问题较 FEM 具有较大优势。

1.2.5　非连续变形分析法

非连续变形分析法 (Discontinous Deformation Analysis，DDA) 由美籍华人石根华[67] 于 1986 年提出，是一种分析不连续介质系统运动和变形的数值计算方法。该方法的核心思想是将研究对象看作为被不连续面切割形成的块体单元的集合体，块体的运动和变形包括刚体平移、转动、正应变和切应变，各块体单元之间通过接触约束从而形成一个有机整体[68]。在块体系统的运动和变形过程中，块体单元之间可以相互接触也可以发生分离，但是系统始终满足块体单元间不发生侵入和无拉力的条件[69]。DDA 的理论基础为最小势能原理，块体单元之间的接触问题和块体本身的变形问题统一到总体平衡方程，通过应用罚函数法建立块体单元的截面接触约束不等式 [70]。

张国新等 [71] 基于 DDA 考虑了渗流压力和岩石变形的耦合作用，推导了在裂隙渗流影响下岩石系统的瞬时平衡方程，实现了日本某隧道的塌方破坏全过程仿真。Lin[72] 和 Amadei[73] 通过内聚力、摩擦力和拉伸强度等参数建立了 DDA 的拉伸型裂缝和剪切型裂缝的传播算法。Marsh 等 [74] 研究了采用 DDA 解决混凝土结构的断裂问题，分析了在裂缝扩展过程中，混凝土结构从连续体到非连续体演化范围内的受力性能。Wei 等 [75] 采用 DDA 研究了在爆破荷载作用下，爆炸孔附近的混凝土支护结构的动态响应。马江锋等 [76] 应用 DDA 模拟了冲击荷载下的巴西圆盘的动态破碎全过程，模拟中再现了试件在不同入射波作用下裂纹的开裂与扩展，直到试件发生裂缝贯通破坏的现象。Zhang[77] 等基于 DDA 研究了地震诱发滑坡流动性的影响，分析了 2008 年汶川地震引起的东河口滑坡。

DDA 遵循运动学理论，符合平衡条件和能量准则 [78]，可以看到，该方法已经成功应用于不连续面的滑动、开裂和闭合等运动形式的计算，能够得到大转动、大位移的静力和动力解。但是，该方法在计算过程中每个块体单元都作为一个独立且不可再分的一阶近似单元，当块体单元的尺寸较大时难以求解单元内部精确的内力结果和位移结果 [79]。目前 DDA 的研究大多局限于二维模型，在弹塑性问题以及三维模型中块体单元间的接触判断理论 [80] 等方面还需要进一步的研究。

1.2.6 数值流形法

在 DDA 的基础上，石根华先生 [81] 利用有限覆盖技术又提出了数值流形法 (Numerical Manifold Method，NMM)。该方法利用了与 FEM 相似的位移函数和能量原理，同时继承了 DDA 高效的接触搜索的处理方法 [82]，不仅可以精确地求解一般结构变形、应力问题，而且能够模拟连续体内裂纹扩展、结构破坏以及非连续体的运动过程 [83]。NMM 的基本特点为：使用两套独立的覆盖网格，分别为物理网格和数学网格 [84]，其中物理网格用于定义材料积分区域，数学网格用于建立差值函数 [85]，在物体的运动变形过程中，数学网格 (通常采用有限元网格) 固定不变，能够比较方便和有效地模拟裂纹的扩展，统一连续介质和非连续介质的力学分析过程。

彭自强等 [86] 基于单位分解理论和可视准则推导了不连续的单位分解函数，同时引入整体逼近技术，从而采用 NMM 对二维裂纹的动态扩展进行了研究。Zhang 等 [87] 采用 NMM 对平面模型中分支裂纹和交叉裂纹问题进行了分析。Li 等 [88] 结合移动最小二乘近似法的计算优势，将其引入 NMM 中，分析了二维线弹性体的冲击破坏过程。Chen 等 [89] 探索了覆盖函数的二阶函数形式，曹文贵等 [90] 研究了物理网格的构成和重划分技术。Ma 等 [91] 讨论了 NMM 与广义有限元法 (Generalized Finite Element Method，GFEM)、XFEM、FMM 以及 DDA 的联系与区别。

可以看到，NMM 已经应用于解决大位移、大变形、非连续体的运动变形和裂纹萌生扩展等复杂问题，目前阶段的研究对象多局限于岩石土体等非连续介质。该方法对于边界条件的处理、覆盖网格的自动划分以及三维接触等关键技术问题还需要更深入系统的研究。

1.2.7 离散单元法

离散单元法 (Discrete Element Method，DEM) 是非连续介质方法中最杰出的代表之一[92]。DEM 是美国学者 Cundall 于 1971 年提出的一种非连续性数值计算方法[93]。最初 DEM 主要用于分析岩土工程领域问题，如岩石、土体等非连续介质的力学行为[94]。DEM 基于刚性假设，将研究对象分离为一系列颗粒或块体元素的集合体[95]，对各元素逐一进行受力分析，各元素根据牛顿定律进行运动，并通过时步迭代的方式求解各离散元素的位移和接触力等物理量[96]。在结构受力变形和运动过程中，各单元之间允许发生相对运动，即相邻单元之间可以接触也可以分离[97]，单元之间不需要满足相互变形协调的约束关系。单元间的相互传力依靠设置于节点间的弹簧等变形元件实现，变形元件的性质和设置方式由材料的本构关系和元素的排列准则确定，单元间的接触力可以通过相对位移和内力间的关系，即力—位移方程求得[98]。因此，DEM 特别适合于处理大变形、强材料非线性、断裂等复杂力学问题求解。近年来 DEM 被逐步引入到结构工程领域，为连续体结构强非线性的仿真开辟了一条新途径。

自 DEM 建立以来，吸引了各国学者的研究目光，经过不断的发展和改进，提出了许多基于 DEM 计算原理的离散模型和离散方法，应用于解决各种材料的大变形、强非线性、断裂、冲击和爆破等复杂问题。Kim 等[99]将凝聚力模型引入 DEM 中，对沥青混凝土在低温环境下的断裂机理进行了研究。Masuya 等[100]应用 DEM 对简支梁在冲击荷载下的动力非线性响应进行了研究。基于 DEM，Fraternali[101]、Slepyan[102]、Rinaldi[103,104]发展了晶格离散元方法 (Lattice Discrete Element Method，LDEM)，用于解决连续体结构的大变形和裂纹扩展问题。Hakuno 等[105]提出了扩展离散单元法 (Extended Discrete Element Method，EDEM)，用于研究爆炸荷载作用下结构的整体倒塌问题。侯艳丽[106]和张楚汉[107]提出了三维刚体离散元方法，崔玉柱[108]提出了三维变形体离散元方法，用于拱坝—坝肩的整体动静力稳定分析，研究了拱坝的破坏机理。

顾祥林等[109]考虑了混凝土块体碰撞的影响，采用 DEM 对框架结构的倒塌过程进行了数值模拟。成名等[110]建立了弹塑性轴对称问题的 DEM 模型，模拟了钢板受钢弹冲击产生层裂的过程。Le 等[111]采用 DEM 对复合材料中的损伤和裂纹扩展进行了三维模拟，解决了纤维剥离与断裂问题。Kumar 等[112]研究了颗粒的微观结构特征对材料宏观性质的影响，并采用 DEM 对圆柱在受压状态下的屈曲进行了模拟。Henza 等 [113] 应用 DEM 对动态加载下的混凝土的力学响应进行了研究，准确地模拟了在高应变率条件下混凝土的破裂模式。可以看出，DEM 在计算结构复杂力学问题中显示出了强大生命力。

叶继红教授 [114] 和齐念 [115] 建立了杆系结构的离散元模型，推导了模型中弹簧的刚度系数，发展了杆系结构离散元模型的塑性铰模型和考虑截面塑性开展的纤维模型，对杆系结构的几何和材料非线性行为进行了研究。同时，建立了离散元和有限元耦合的计算模型，对单层网壳结构中局部脆弱区域采用 DEM 建模 [116]，其余小变形区域采用 FEM 建模，采用虚功方程和变分原理推导了耦合模型的系统控制方程，基于罚函数将附加条件引入到修正泛函，推导了离散元与有限元模型接触截面的耦合力计算公式，在考虑杆件大变形、杆件与节点断裂的影响下，对单层网壳的连续倒塌破坏进行了研究。

覃亚男 [117] 在杆系结构离散元模型的基础上，建立了杆系结构的断裂准则和单元碰撞模型，编写了相应的接触碰撞计算程序，分析了 K6 型单层球面网格在地震荷载作用下的倒塌过程以及框架结构受爆炸影响的破坏机理。张梅 [118] 采用 DEM 对单层网壳结构的屈曲行为进行了研究，将力控制法和位移控制法引入离散元模型中，对若干单层网壳算例进行了弹塑性屈曲分析，追踪了杆件失稳、结构局部失稳和整体失稳后的屈曲行为。

冯若强教授和朱宝琛博士基于 DEM 的基本原理提出了用于解决连续体结构大变形、强材料非线性与裂纹扩展问题的三维离散实体单元法 (Discrete Solid Element Method, DSEM)[119]，采用 Fortran 语言开发了相应的计算程序 [120]。基于能量守恒原理推导了 DSEM 物理模型中的弹簧刚度，基于 Mises 屈服准则建立了理想弹塑性材料的弹塑性接触本构方程，对连续体构件的强几何与材料非线性进行了分析。对离散实体单元模型的边界效应进行了研究，对模型边界球元进行了分类，修正了边界球元的接触弹簧刚度 [121]。另外，基于经典塑性力学中 Druck 假设和一致性条件，建立了双线性等向强化的弹塑性接触本构方程，基于畸变能理论推导了塑性比例因子 [122]，分析了薄壁结构的动力屈曲全过程。同时建立了 DSEM 的双线性软化模型，用于计算连续体结构的裂纹开裂与扩展问题，研究了开裂薄板的屈曲问题。

本书作者课题组胡椿昌 [123] 基于离散元软件 PFC3D，采用平行黏结模型开发了杆系结构的离散元接触模型，将分层梁理论引入离散元模型中从而建立了塑性判断准则，推导了材料进入塑性后弹簧的刚度系数 [124]，并且采用赫兹模型研究了接触碰撞问题，对单层凯威特球面网壳的单点冲击和多点冲击的全过程倒塌破坏进行了分析 [125]。王斯妮 [126] 基于 DSEM 的基本思想与等效梁元原理，建立了考虑节点连接破坏影响的多尺度单层网壳离散元模型，推导了多尺度截面连接单元的接触弹簧刚度,分析了单层网格结构的弹塑性失稳,并且对体心立方和面心立方排列模型进行了详细的描述,对比了两种排列模型针对弹性计算的精度。东南大学宁小美[127] 将断裂计算程序应用至单层网格结构的倒塌数值模拟研究中,建立 DSEM 的单层网格结构计算模型,对单层网格结构由局部杆件断裂至结构整体倒塌破坏的过程进行模拟,分析材料性能、加载方式及矢跨比对结构倒塌性能的影响,计算结果进一步验证了 DSEM 在处理连续体结构断裂、倒塌等强非线性问题上的可行性和独特优势。

1.3 离散实体单元法的优势

离散实体单元法 (DSEM) 从非连续介质力学发展而来,与 FEM 相比,在结构强非线性行为分析中的优势表现在:

(1) DSEM 采用一个广义而系统化的分析框架,无论是简单还是复杂的结构问题,分析公式与计算流程都基于同个框架,即求解球元的接触力与球元的运动方程。球元的运动公式为标准形式,与结构的几何变形和行为模型没有关系,对于大变形、强材料非线性和断裂等复杂问题,整体分析框架不变。

(2) 球元的运动由牛顿第二定律控制,在内力和外力联合作用下处于永恒的动平衡状态,因此动力分析是 DSEM 的本质,同时引入阻尼耗能机制从而用于分析静力问题,形成了静力和动力统一的计算流程与求解策略。

(3) DSEM 采用中心差分法求解球元的运动控制方程,无需迭代求解非线性方程组,计算过程中不存在整体刚度矩阵的集成与求逆,解决几何非线性和材料非线性问题方面具有良好的稳定性,处理屈曲、褶皱等强非线性问题时不需要引入额外的特殊技巧。

(4) DSEM 的计算系统由球元和球元间的弹簧构成,可以方便地增加和删减球元,处理裂纹动态扩展问题时能够有效地打断弹簧实现球元的分离,处理非连续问题时不受网格划分和连续性条件的限制,不存在刚度矩阵奇异问题,避免了传统计算方法处理非连续问题在数学上遇到的限制和困难。

(5) DSEM 中球元运动控制方程的求解和球元接触力的计算相互独立,方便实现基于 GPU 的并行计算,从硬件上提高方法的计算效率。

1.4 本书主要内容

DEM 是一种新型的数值计算方法,该方法有效地解决了结构从连续体向非连续体转换的问题,对结构的大变形、强材料非线性和断裂等复杂问题具有良好的适用性,DEM 具有良好的工程应用前景,是目前国际计算力学方法中最热门的研究方向之一。但是在国内 DEM 的研究还处于起步阶段，并且主要集中于岩土工程领域，用于解决散粒体材料的力学问题。DEM 提出时间比较晚，与 FEM 相比，在计算理论上存在许多局限性，在工程应用上存在许多不完善的地方，在商业软件方面存在较大的差距，距离成熟的工程计算还有很多工作要做，对于 DEM 的研究具有重要的科学意义和工程价值。

在这种研究背景下，本书基于 DEM 的核心思想，提出了应用于连续体结构强非线性仿真的三维 DSEM。对 DSEM 的计算理论研究主要为：定义了考虑泊松比效应的弹簧设置准则，推导了球元的运动方程和模型中弹簧的刚度系数，分析了模型的边界效应，建立了屈服方程、流动准则和弹塑性接触本构方程，提出了断裂软化模型，给出了计算流程，开发了计算软件，采用该方法对连续体结构的强几何非线性、强材料非线性、大变形、动力屈曲以及裂纹扩展等问题进行了仿真研究。

本书以连续体结构强非线性仿真为研究主线，提出了三维 DSEM，各章节内容相辅相成，由浅入深地对连续体结构的大变形、强材料非线性、动力屈曲、褶皱和裂纹扩展等问题进行了研究。按照章节划分，本书的主要内容包括：

(1) 三维 DSEM 的基本原理与推导

介绍了传统 DEM 分析连续体结构力学问题的缺点，将其改进提出了应用于连续体结构强非线性仿真的三维 DSEM。建立了 DSEM 的物理模型，包括球元的排列形式与球元间弹簧的设置准则。采用中心差分法推导了球元的运动方程和反应球元间接触力与相对位移关系的接触本构方程，同时给出了静力和动力问题的阻尼和计算时步的确定方法。建立了 DSEM 的计算流程，介绍了球元接触判断的搜索方法，采用 Fortran 语言开发了 DSEM 的计算软件。

(2) DSEM 的几何大变形分析

通过计算弹簧的弹性势能表示连续体的应变能，根据能量守恒原理对棱边弹簧组和对角线弹簧组中法向弹簧和切向弹簧的弹簧刚度进行了严格地数学推导，建立了弹簧刚度系数与材料的弹性模量和泊松比的关系式。基于 DEM 大变形计算的优势，发展了 DSEM 几何非线性分析的计算框架，通过大变形算例，探讨了 DSEM 进行连续体几何大变形计算的正确性与有效性。

(3) DSEM 的弹塑性分析

基于能量理论和经典塑性力学知识，在 DSEM 中建立了两种弹塑性计算模型：理想弹塑性模型和双线性等向强化模型。基于能量守恒原理推导了畸变能密度系数，引入 Mises 屈服准则建立了采用球元间接触力表达的 DSEM 的屈服方程。按照塑性力学增量理论将球元间位移增量分解为弹性位移增量和塑性位移增量，根据 Druck 公设和一致性条件推导了 DSEM 的理想弹塑性接触本构方程和双线性等向强化接触本构方程。同时给出了 DSEM 增量理论的加卸载判别准则和相应的计算程序流程图。最后采用开发的 DSEM 弹塑性计算程序,对弹塑性大变形、动力屈曲和褶皱问题进行了分析,验证了弹塑性计算模型的有效性,展示了 DSEM 强非线性计算的能力。

(4) DSEM 的边界效应分析

根据模型边界球元所在的几何位置进行分类,包括边界面球元、边界棱球元和边界角球元,采用能量守恒原理推导了各类边界球元的弹簧刚度,建立了边界球元弹簧刚度与弹性常数的关系式。通过修正边界上球元的弹簧刚度,提高了 DSEM 模拟连续体结构力学行为的精度。最后对模型边界问题突出的薄板弹塑性弯曲和开裂薄板的屈曲进行了计算分析。

(5) DSEM 的断裂分析

在 DSEM 的几何大变形和材料非线性计算的基础上,建立了连续体结构的断裂模型,开发了断裂计算子程序,实现了连续体结构的复合裂纹动态扩展全过程仿真。介绍了裂缝的类型和连续介质的裂纹扩展准则。基于断裂能量和应变能释放率准则建立了适用于线弹性断裂和弹塑性断裂的双线性软化模型和三线性软化模型。最后采用 DSEM 对双悬臂梁试验和复合裂纹的动态扩展进行了分析,验证了断裂模型的合理性,展示了 DSEM 处理连续体结构断裂问题的优势与能力。

第二章　三维离散实体单元法的基本原理与推导

2.1　离散单元法

2.1.1　基本思想与假设

离散单元法 (DEM) 是一种显示求解的数值方法。"显示" 是针对一个物理系统进行数值计算时所用的代数方程的性质而言。在显示求解中，所有方程一侧的计算量都是已知的，另一侧的计算只需要用简单的代入法便可求得。在 DEM 中，颗粒间的相互作用被看作为瞬时平衡问题，并且对象内部的作用力达到平衡时，就可认为其处于平衡状态。颗粒间的相互作用被视为一个动态过程。颗粒间接触力与位移通过跟踪单个颗粒的运动得到。通过对每个单元的微观运动进行跟踪计算，可得到整个研究对象的宏观运动规律。这种动态过程在数值计算上采用时步算法进行实现。在时步算法中，每一个时间步长内颗粒的速度与加速度保持不变。当选取的时间步长足够小时，在单个时间步内，颗粒的运动只对直接接触的颗粒产生影响，而不会把扰动传播给其他不相邻的颗粒。因此得到以下结论，在任意时刻颗粒所受的接触力只取决于与该颗粒直接接触的颗粒，这是 DEM 的前提条件。

2.1.2　基本特点

DEM 的主要特点为：将研究对象离散为刚性颗粒的集合体，颗粒与颗粒之间通过弹簧进行连接，包括法向弹簧与切向弹簧，如图 2.1 所示。通过建立接触力与接触位移之间的关系式构成 DEM 的接触本构方程，各个颗粒满足牛顿运动方程，采用动态松弛法进行计算求解。DEM 在分析过程中允许颗粒之间发生相对运动和接触碰撞，无需刻意满足变形协调条件和连续条件，尤其适合非线性、不连续、大变形以及断裂等问题的研究，如图 2.2 所示的裂缝扩展问题与图 2.3 所示的冲击问题。与基于连续介质力学的其他数值方法相比，DEM 可以实现结构从连续体到非连续体的无缝转换。

与其他数值计算方法相比，尤其是 FEM，DEM 具有许多无可比拟的优势，主要有：

(1) 从力学分析角度上，DEM 对三大定律的满足与 FEM 不同。在平衡方程方面，DEM 采用牛顿第二定律进行控制，按围绕各个刚性颗粒形心的力平衡和力矩平衡进行满足。

(2) 在变形协调方程方面，各个刚性颗粒不再位移连续，而是允许大变形和断裂分离，可以模拟裂纹动态扩展、冲击等动荷载作用下产生的损伤与破坏。

(3) 在材料本构关系方面，DEM 避开了复杂的本构关系推导，采用在刚性颗粒间设置不同种类的弹簧反应材料的应力—应变关系。

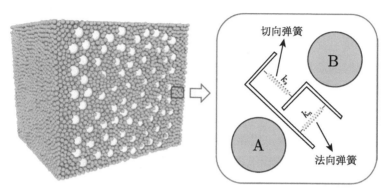

图 2.1 研究对象的颗粒离散系统与颗粒间的弹簧连接

图 2.2 裂缝扩展

图 2.3 冲击破坏

2.1.3 动态松弛法

DEM 中所用的求解方法为动态松弛法。松弛法作为求解联立方程组的一种方法，在力学计算中有着重要的作用。其中，动态松弛法是把非线性静力问题转换为动力学问题求解的一种数值方法。该方法的实质是对临界阻尼振动方程进行逐步积分。为了保证求得准静解，一般采用质量阻尼和刚度阻尼来吸收系统的动能，当阻尼系数取值小于某一临界值时，系统的振动将以尽可能快的速度消失，同时函数收敛于静态值。这种带有阻尼项的动态平衡方程，如式 (2.1) 所示，利用有限差分法按时步在计算机上迭代求解的方法称为动态松弛法。Rougier 等 [128] 对 DEM、FEM 以及分子动力学中的显式积分方案进行了数值比较，证明了显示中心差分法是一种准确有效、CPU 利用率高的数值计算方法。由于被求解方程是时间的线性函数，整个计算过程只需要直接代换，即利用前一迭代的函数值计算新的函数值。因此，对于非线性问题能够有效地进行计算，这是动态松弛法最大的优点。

$$m\ddot{u}(t) + c\dot{u}(t) + ku(t) = f(t) \tag{2.1}$$

式中，m 为颗粒的质量，u 为颗粒的位移，t 为时间步长，c 为阻尼系数，k 为弹簧的刚度系数，f 为颗粒所受的接触力。

2.1.4　计算循环

在 DEM 的计算过程中，主要有两个计算循环。分别为采用时步算法在每个颗粒上反复应用运动方程 (牛顿第二运动定律)，以及在每个接触上反复应用接触本构方程 (力—位移方程)，其中运动方程用于计算颗粒的速度和位移，而接触本构方程用于计算颗粒间的接触力。在每个计算时步开始时，更新颗粒之间的接触，根据颗粒的相对运动，应用接触本构方程更新颗粒间的接触力；然后根据作用在颗粒上的接触力，应用运动方程更新颗粒的速度和位移，计算循环如图 2.4 所示。

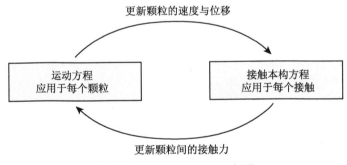

图 2.4　DEM 计算循环示意图

2.1.5　离散单元法的不足

传统 DEM 是基于非连续介质力学提出的数值计算方法，研究对象为沙土、岩石等散粒体材料，将其扩展到分析连续介质的力学问题时，主要存在以下几个问题：

(1) 传统 DEM 不能很好地反映结构的横向变形，颗粒之间接触弹簧的设置准则不足以考虑连续介质材料的泊松比效应。

(2) 传统 DEM 中接触弹簧刚度系数的确定需要根据试验数据拟合得到，不同的试验结果可能会得到不同的接触刚度系数，对试验数据具有很大的依赖性，计算精度得不到保证。

(3) 传统 DEM 主要研究对象为颗粒材料等非连续介质，缺乏计算连续体结构力学行为的理论基础与颗粒布置方案。

(4) 传统 DEM 缺乏塑性计算理论，无法分析连续体结构的塑性行为，严重制约了 DEM 的发展与扩展应用。

结构行为分析的目的是要精确地预测一个结构在实际运作环境下的力学行为。数值计算方法需要准确求得荷载作用下结构的变形、内力、位移等各种响应，从实质上讲这是一个力学分析过程。现在力学的基础为牛顿定律，DEM 中的颗粒按照牛顿第二运动定律进行运动，因此将 DEM 引入连续体领域，充分发挥 DEM 计算非线性、断裂等复杂行为的优势，采用颗粒与弹簧构成的离散系统来定义离散结构并分析其受力行为是完全可行的思路。而在 FEM 中，节点和单元是建立结构有限元模型的基本元素。两种数值计算方法的分析模型是有本质区别的。基于以上考虑本书提出了一种新的 DEM，称为离散实体单元法 (DSEM)，用于解决连续体结构强非线性问题。

2.2　三维离散实体单元法

2.2.1　计算特点与物理模型

针对传统 DEM 用于连续体结构强非线性仿真的不足，本书提出的三维 DSEM 的主要特点有：

(1) 改进了球元之间接触弹簧的设置规则，分别在球元基本立方体排列模型的棱边和面对角线上采用弹簧进行连接，球元间弹簧包括一个法向弹簧和两个切线弹簧，使其能够准确地模拟连续体结构的力学性能和处理材料的泊松比效应问题。

(2) 基于能量原理推导了接触本构方程中的弹簧刚度系数，有严谨的理论依据，建立了弹簧刚度系数与材料弹性模量、泊松比的关系式。

(3) 基于第四强度理论和经典塑性理论，在球元接触本构中增加塑性计算方程，推导了流动法则、屈服方程以及塑性接触本构方程，使其能够处理连续体弹塑性问题。

(4) 考虑了连续体结构离散元模型的边界效应，对边界球元进行了分类并根据能量原理推导了各类边界球元的弹簧刚度系数。

(5) 建立了两种软化模型，包括双线性软化模型与三线性软化模型，并基于材料的断裂能量建立材料的断裂准则，用于处理连续体结构的裂缝扩展与动态断裂问题。

三维 DSEM 计算模型如图 2.5 所示，三维 DSEM 将研究对象离散为刚性球元的集合体，8 个球元组成了 DSEM 的基本立方体模型。球元中心通过弹簧系统进行连接，在局部坐标下任意两个球元之间的弹簧系统包括一个法向弹簧和两个切向弹簧，其弹簧的刚度系数分别表示为 k_n、k_{s_1}、k_{s_2}，法向弹簧和切向弹簧的设置如图 2.6 所示。

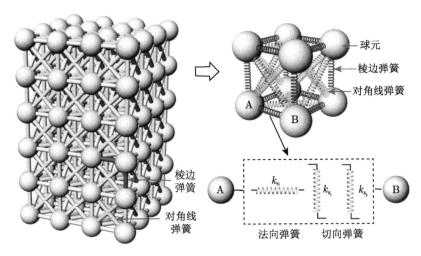

图 2.5 DSEM 模型示意图

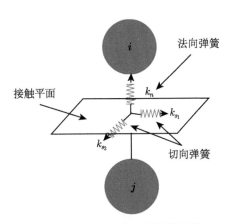

图 2.6 局部坐标下弹簧的设置

为了能够准确地描述连续体结构的力学性能和考虑材料的泊松比效应，对传统 DEM 的弹簧设置准则进行了改进。在基本立方体模型的 12 条棱边和 6 个面的对角线上设置了弹簧系统。因此，DSEM 包含两种弹簧系统，分别称为棱边弹簧系统和对角线弹簧系统。棱边弹簧连接的两个球元的距离为 $2r$，而面对角线弹簧连接的两个球元的距离为 $2\sqrt{2}r$，其中 r 为球元的半径。在基本立方体模型中包括 12 组棱边弹簧和 12 组对角线弹簧。

本书提出的三维 DSEM 遵循传统 DEM 的两个基本计算循环，分别为球元按照牛顿第二运动定律的运动计算循环，以及球元间接触力与相对位移的接触本构计算循环。与基于连续介质理论的数值计算方法相比，该方法最大的特点为，在 DSEM 的数值仿真过程中球元可以相互脱离与碰撞，不需要满足位移场连续和变形协调方程，反映到宏观角度上能够非常有效地分析结构的冲击、断裂、大变形、非线性等复杂力学行为，实现结构在极端荷载作用下从连续体发展到非连续体的失效破坏全过程的仿真。

在 DSEM 的非线性问题求解中，不需要刻意区分求解问题是小变形还是大变形，或者属于强材料非线性。因为在 DSEM 中球元由牛顿运动方程进行控制，并不涉及材料的几何方程，没有材料位移场连续的条件。同 FEM 相比，不需要计算刚度矩阵与迭代求解。DSEM 将分析对象划分为球元与弹簧组成的离散系统，以球元球心处的位移作为基本计算量。在计算时间内将球元的运动历程按照时步算法分解为多个计算时步，在每一个计算步内对结构进行求解并且都认为是小变形状态。随着计算时步的累加，球元的位置不断变换和更新，并用于计算下一时步的接触内力，计算流程如图 2.7 所示。因此，DSEM 能够有效地分析结构的强非线性等复杂力学行为。

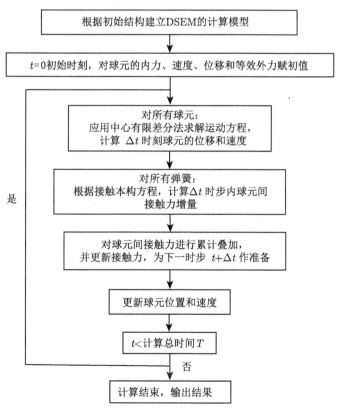

图 2.7　DSEM 计算流程图

在 DSEM 的计算过程中，任意计算时步内任意球元在接触力的作用下处于动平衡状态，求解球元的运动控制方程以及球元间的接触本构方程得到的位移和接触力结果就是结构在荷载作用下的力学响应，或者称为动力反应。在 DSEM 中，动力分析与非线性分析已经自动包含在球元运动方程的求解中，不需要额外引入其他技术或做特殊的处理。

在计算效率方面，DSEM 在求解过程中需要遍历结构的所有球元，对每个球元的运动方程与接触本构方程进行计算，与 FEM 相比不需要构建差值函数、结构整体刚度矩阵以及刚度矩阵求逆运算，计算流程简单清晰。结构离散为球元的数量越多，相应的计算量也会随之增加，但是只是计算循环的重复计算，不会造成计算不收敛或其他计算失败的问题。当计算复杂力学问题时，DSEM 表现出较FEM 更高的计算效率。

2.2.2　运动方程的建立与推导

三维 DSEM 中所有球元的运动都满足牛顿第二定律。在三维空间中，球元的运动可分解为沿坐标轴方向的 3 个线位移，分别对应坐标轴方向的 3 个接触力和3 个外力，如图 2.8 所示。对于任意一个球元 e，其运动方程可表示为

$$m_e \ddot{u}_i = F_i^{\text{int}} + F_i^{\text{ext}} \tag{2.2}$$

式中，m_e 为球元的质量，$\ddot{u}_i$ 为球元的加速度，$i = x, y, z$ 分别为 x 坐标轴，y 坐标轴和 z 坐标轴，F_i^{int} 为作用在球元上的接触内力，F_i^{ext} 为作用在球元上的外力。这里外力指的是作用在结构的外荷载，包括集中外力与均布外荷载产生的等效外力。接触内力指的是与球元 e 直接接触的颗粒之间的作用力，如果球元 e 与 n 个球元相互接触，那么作用在球元 e 的接触内力可表示为

$$F_e^{\text{int}} = \sum_{j=1}^{n} F^{e-j} \tag{2.3}$$

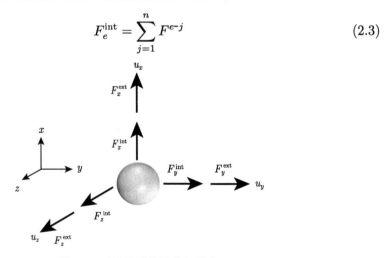

图 2.8　三维球元的运动与受力

式中，F^{e-j} 为第 j 个球元与球元 e 之间的接触力。

根据球元的运动方程，应用中心有限差分算法确定球元球心的加速度，进而可以确定在每个计算时步内球元的速度以及位移，计算步骤为：

(1) 首先，根据球元的运动方程求得 t_0 时刻球元的加速度 $\ddot{u}_i(t_0)$，

$$\ddot{u}_i(t_0) = \frac{F_i^{\text{ext}} + F_i^{\text{int}}}{m_i} \tag{2.4}$$

(2) 其次，计算 $t_1 = t_0 + \dfrac{\Delta t}{2}$ 时刻球元的速度 $\dot{u}_i\left(t_0 + \dfrac{\Delta t}{2}\right)$，

$$\dot{u}_i\left(t_0 + \frac{\Delta t}{2}\right) = \dot{u}_i\left(t_0 - \frac{\Delta t}{2}\right) + \ddot{u}_i(t_0) \cdot \Delta t \tag{2.5}$$

(3) 最后，计算 $t_2 = t_0 + \Delta t$ 时刻球元的位移 $u_i(t_0 + \Delta t)$，

$$u_i(t_0 + \Delta t) = u_i(t_0) + \dot{u}_i\left(t_0 + \frac{\Delta t}{2}\right) \cdot \Delta t \tag{2.6}$$

(4) 为了计算 $t_2 = t_0 + \Delta t$ 时刻球元的速度 $\dot{u}_i(t_0 + \Delta t)$，将式 (2.5) 分解为

$$\dot{u}_i(t_0) = \dot{u}_i\left(t_0 - \frac{\Delta t}{2}\right) + \frac{1}{2}\ddot{u}_i(t_0) \cdot \Delta t \tag{2.7}$$

$$\dot{u}_i\left(t_0 + \frac{\Delta t}{2}\right) = \dot{u}_i(t_0) + \frac{1}{2}\ddot{u}_i(t_0) \cdot \Delta t \tag{2.8}$$

在式 (2.7) 中将 t_0 替换为 $t_0 + \Delta t$，则可以求得

$$\dot{u}_i(t_0 + \Delta t) = \dot{u}_i\left(t_0 + \frac{\Delta t}{2}\right) + \frac{1}{2}\ddot{u}_i(t_0 + \Delta t) \cdot \Delta t \tag{2.9}$$

从以上球元的运动计算可以看出，DSEM 利用中心差分法进行动态松弛计算，是一种显示数值计算方法。在计算过程中不需要求解大型矩阵，计算简洁，计算效率较高。计算过程中允许球元发生很大的位移，因此克服了以往 FEM 的小应变假设，适合求解大变形问题。

2.2.3　接触本构方程的建立与推导

从 DSEM 的计算流程可知，其中一个重要的计算循环是根据球元间的位移计算球元间的接触力。这里将球元间接触力与位移之间的关系式称为接触本构方程，接触本构方程是模拟材料复杂力学行为的重要组成部分。由于材料变形引起接触

力的产生，接触力最终作用在球元上，将参与球元下一时步运动计算。在 DSEM 中，球元间接触力的计算是在局部坐标下进行的。

如图 2.9 所示，任取两个球元 A 和 B，定义 (n, s_1, s_2) 为局部坐标，两个球元中心的连线为法线方向，其单位向量为 $\boldsymbol{n}$，与法向方向相互垂直的方向为切向方向，其单位向量分别记为 $\boldsymbol{s}_1$ 与 $\boldsymbol{s}_2$，局部坐标符合右手笛卡儿坐标系统规则。球元间法向弹簧和切向弹簧的弹簧刚度分别记为 k_n 和 k_{s_1}、k_{s_2}，弹簧方向与局部坐标系方向相同。图 2.9 中，$u_{x,A}$、$u_{y,A}$、$u_{z,A}$ 和 $u_{x,B}$、$u_{y,B}$、$u_{z,B}$ 分别为球元 A 和球元 B 在整体坐标下的位移，u_n、u_{s_1}、u_{s_2} 为在局部坐标下球元 A 和球元 B 的相对法向位移与切向位移。整体坐标系与局部坐标系的坐标转换矩阵表示如下：

$$\begin{bmatrix} n \\ s_1 \\ s_2 \end{bmatrix} = \begin{bmatrix} l_1 l_2 & m_2 & m_1 l_2 \\ -l_1 m_2 & l_2 & -m_1 m_2 \\ -m_1 & 0 & l_1 \end{bmatrix} \begin{bmatrix} x \\ y \\ z \end{bmatrix} \tag{2.10}$$

式中，$l_1 = \cos\gamma$、$l_2 = \cos\eta$、$m_1 = \sin\gamma$、$m_2 = \sin\eta$，γ 是局部坐标系 n 轴在整体坐标系中 x-y 平面的投影与 x 轴正方向的夹角，η 是 n 轴与 x-y 平面的夹角。

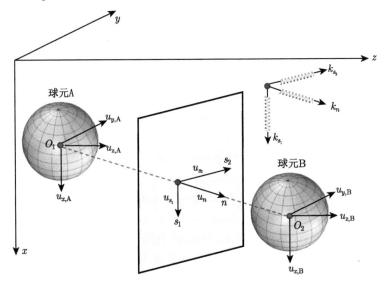

图 2.9   局部坐标系统

在局部坐标系下，将球元间的接触力沿接触平面分解为法向接触力与切向接触力两部分：

$$\boldsymbol{F} = \boldsymbol{F}_n + \boldsymbol{F}_{s_1} + \boldsymbol{F}_{s_2} \tag{2.11}$$

式中，$\boldsymbol{F}_n$ 为法向接触力矢量，$\boldsymbol{F}_{s_1}$、$\boldsymbol{F}_{s_2}$ 为切向接触力矢量。

DSEM 采用增量的形式计算球元间的接触力, 因此在计算时步 Δt 内的法向和切向接触力增量可表示如下:

$$\begin{cases} \Delta F_n = k_n \cdot \Delta u_n \\ \Delta F_{s_1} = k_{s_1} \cdot \Delta u_{s_1} \\ \Delta F_{s_2} = k_{s_2} \cdot \Delta u_{s_2} \end{cases} \tag{2.12}$$

式中, ΔF_n 为法向接触力增量, ΔF_{s_1} 和 ΔF_{s_2} 为切向接触力增量, Δu_n 为法向位移增量, Δu_{s_1}、Δu_{s_2} 为切向位移增量, k_n 为法向弹簧刚度, k_{s_1}、k_{s_2} 为切向弹簧刚度。

球元间的位移增量是通过分析球元的运动得到的。在整体坐标系下, 球元 B 相对球元 A 在接触点的相对接触速度矢量 $\boldsymbol{V}$ 可表示为

$$\boldsymbol{V} = \begin{bmatrix} V_x \\ V_y \\ V_z \end{bmatrix} \tag{2.13}$$

式中, V_x、V_y 和 V_z 为整体坐标下的相对速度。

式 (2.13) 中各相对速度分量按下式进行计算:

$$V_i = (\dot{x}_i)_{\mathrm{B}} - (\dot{x}_i)_{\mathrm{A}} \tag{2.14}$$

式中, $(\dot{x}_i)_{\mathrm{A}}$ 和 $(\dot{x}_i)_{\mathrm{B}}$ 分别为球元 A 和球元 B 在整体坐标下的速度且 $i = x, y, z$。

在局部坐标系下, 将相对接触速度矢量沿着接触平面分解为相对法向接触速度和相对切向接触速度, 如下所示:

$$\boldsymbol{V} = \begin{bmatrix} V_n \\ V_{s_1} \\ V_{s_2} \end{bmatrix} \tag{2.15}$$

式中, V_n 为相对法向接触速度, V_{s_1} 和 V_{s_2} 为相对切向接触速度。

根据坐标转换矩阵 (2.10), 局部坐标下的法向和切向相对接触速度可表示为

$$\begin{bmatrix} V_n \\ V_{s_1} \\ V_{s_2} \end{bmatrix} = \begin{bmatrix} l_1 l_2 & m_2 & m_1 l_2 \\ -l_1 m_2 & l_2 & -m_1 m_2 \\ -m_1 & 0 & l_1 \end{bmatrix} \begin{bmatrix} V_x \\ V_y \\ V_z \end{bmatrix} \tag{2.16}$$

则在局部坐标下, 在计算时步 Δt 内, 球元间的法向和切向位移增量可表示为

$$\begin{cases} \Delta u_n = V_n \Delta t \\ \Delta u_{s_1} = V_{s_1} \Delta t \\ \Delta u_{s_2} = V_{s_2} \Delta t \end{cases} \tag{2.17}$$

　　上面已经求得球元在局部坐标下的法向和切向接触力增量，现在需要将球元间的接触力转换到整体坐标系中。设球元 A 在整体坐标系下 x 轴、y 轴和 z 轴方向所受的接触力分别为 $F_{x\mathrm{A}}$、$F_{y\mathrm{A}}$ 和 $F_{z\mathrm{A}}$，则根据坐标转换矩阵其接触力增量在整体坐标下可表示为

$$\begin{bmatrix} l_1 l_2 & m_2 & m_1 l_2 \\ -l_1 m_2 & l_2 & -m_1 m_2 \\ -m_1 & 0 & l_1 \end{bmatrix}^{-1} \begin{bmatrix} \Delta F_n \\ \Delta F_{s_1} \\ \Delta F_{s_2} \end{bmatrix} = \begin{bmatrix} \Delta F_{x\mathrm{A}} \\ \Delta F_{y\mathrm{A}} \\ \Delta F_{z\mathrm{A}} \end{bmatrix} \tag{2.18}$$

　　根据计算时步 Δt 内的球元间接触力增量，求得当前时刻 $t + \Delta t$ 的接触力，并对作用在球元 A 上的接触力进行更新，如下式所示：

$$\begin{aligned} (F_{x\mathrm{A}})_{t+\Delta t} &= (F_{x\mathrm{A}})_t + \Delta F_{x\mathrm{A}} \\ (F_{y\mathrm{A}})_{t+\Delta t} &= (F_{y\mathrm{A}})_t + \Delta F_{y\mathrm{A}} \\ (F_{z\mathrm{A}})_{t+\Delta t} &= (F_{z\mathrm{A}})_t + \Delta F_{z\mathrm{A}} \end{aligned} \tag{2.19}$$

式中，$(F_{x\mathrm{A}})_t$、$(F_{y\mathrm{A}})_t$、$(F_{z\mathrm{A}})_t$ 和 $(F_{x\mathrm{A}})_{t+\Delta t}$、$(F_{y\mathrm{A}})_{t+\Delta t}$、$(F_{z\mathrm{A}})_{t+\Delta t}$ 分别为在整体坐标系下球元 A 在 t 时刻和 $t + \Delta t$ 时刻沿 x 轴、y 轴和 z 轴的接触力分量。

　　根据力系平移定理，则在 $t + \Delta t$ 时刻，作用在球元 B 上的接触力可表示为

$$\begin{aligned} (F_{x\mathrm{B}})_{t+\Delta t} &= -(F_{x\mathrm{A}})_{t+\Delta t} \\ (F_{y\mathrm{B}})_{t+\Delta t} &= -(F_{y\mathrm{A}})_{t+\Delta t} \\ (F_{z\mathrm{B}})_{t+\Delta t} &= -(F_{z\mathrm{A}})_{t+\Delta t} \end{aligned} \tag{2.20}$$

式中，$(F_{x\mathrm{B}})_{t+\Delta t}$、$(F_{y\mathrm{B}})_{t+\Delta t}$ 和 $(F_{z\mathrm{B}})_{t+\Delta t}$ 为在整体坐标系下球元 B 在 $t + \Delta t$ 时刻沿 x 轴、y 轴和 z 轴的接触力分量。

　　如图 2.10 所示，在 DSEM 计算模型中，单个球元与周围多个球元相邻，因此根据球元与周围相邻球元的接触关系，单个球元上的接触力包括棱边接触力与对角线接触力，球元间接触力通过弹簧进行计算。在 $t + \Delta t$ 时刻内对作用在单个球元上的所有接触力进行求和并加上球元所受到的外荷载，即

$$(F_x^{\mathrm{sum}})_{t+\Delta t} = \sum_1^n (F_x)_{t+\Delta t} + F_x^{\mathrm{ext}}$$

$$(F_y^{\mathrm{sum}})_{t+\Delta t} = \sum_1^n (F_y)_{t+\Delta t} + F_y^{\mathrm{ext}}$$

$$(F_z^{\mathrm{sum}})_{t+\Delta t} = \sum_1^n (F_z)_{t+\Delta t} + F_z^{\mathrm{ext}} \tag{2.21}$$

式中，F_x^{sum}、F_y^{sum} 和 F_z^{sum} 为球元在整体坐标下接触力分量的叠加，F_x^{ext}、F_y^{ext} 和 F_z^{ext} 为作用在球元上由荷载产生的等效外力。

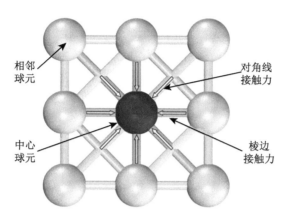

图 2.10　相邻球元的接触力作用于中心球元

在求得球元的不平衡力后，就可用于下一计算时步的球元运动计算，进而求解球元的加速度与速度。

从上面分析可以看出，DSEM 中球元的运动计算和球元间的接触力计算在整体坐标系与局部坐标下相互进行，计算步骤主要包括：

(1) 建立计算对象的 DSEM 模型，并对各球元的内力、外荷载等赋初值。

(2) 各球元在外荷载作用下根据牛顿第二定律进行运动，采用中心差分法对所有球元的运动方程进行求解，从而得到在整体坐标下各球元在计算时步 Δt 内沿 x 轴、y 轴和 z 轴的加速度和速度。

(3) 根据坐标转换矩阵，将整体坐标下各球元的速度分量转换到局部坐标下的法向和切向速度分量，从而求得在局部坐标下各球元在计算时步 Δt 内沿法向和切向的位移增量。

(4) 引入法向和切向弹簧刚度系数，根据球元的法向和切向位移增量求得在局部坐标下各球元的法向和切向接触力增量。

(5) 根据坐标转换矩阵，将局部坐标下各球元的法向和切向接触力增量转换到整体坐标下各球元沿 x 轴、y 轴和 z 轴的接触力增量。

(6) 在整体坐标系下，对各球元的接触力进行更新，得到 $t + \Delta t$ 时刻球元的接触力。并根据球元与周围球元的相邻情况，对作用在球元上的接触力进行求和计算。

(7) 将 $t + \Delta t$ 时刻球元的接触力代入球元的运动方程，计算下一时刻 $t + 2\Delta t$ 各球元的加速度与速度。之后重复步骤 (2)~ 步骤 (7)，直到计算时间的结束。

2.2.4 弹簧的本构关系

法向弹簧和切向弹簧的接触力与接触位移的本构关系如图 2.11 所示。可以看到，球元间的接触力与接触位移通过恒定的法向和切向弹簧刚度建立联系，描述的是线弹性材料的力学行为，球元间的拉力与压力作用通过法向弹簧进行传递，而剪力作用则是通过切向弹簧进行传递。在后续章节中，将会对适用于连续体材料的弹簧刚度进行推导，建立弹簧刚度与材料属性参数 (包括弹性模量与泊松比等) 的关系式。并且将建立法向弹簧和切向弹簧的塑性本构关系，推导 DSEM 的弹塑性接触本构方程。

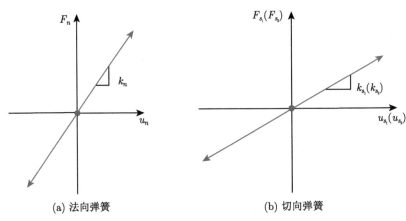

(a) 法向弹簧   (b) 切向弹簧

图 2.11   弹簧的本构关系

2.2.5 阻尼的确定

DSEM 采用球元的运动方程与接触本构方程求解结构在荷载作用下的力学响应。根据胡克定律，结构受力后必定有变形，也就是球元之间相对位置必定有变化。而依据球元的牛顿第二运动定律，位置变化一定经历了运动。即使作用力为常数，如果没有消能的机制，依据牛顿第一定律，则球元恒动，结构将维持在持续振动的状态。有了消能机制，结构的振幅则会减小，最终收敛到一个近似静止的状态。基于这个概念，采用 DSEM 分析计算结构的静力问题时，在球元的运动方程中增加消能机制，其本质是在每个球元的运动方程中增加一个虚拟的阻尼力。

受荷载作用的单自由系统如图 2.12 所示，通过引入阻尼力使得单自由系统在几个振动周期后逐渐收敛于静态解。对于复杂的多自由系统，准确考虑所有球元之间相互作用的条件下，受外荷载作用的多自由系统中所有球元能够在不断吸收能量的振动过程中，振幅逐渐减小从而整个多自由系统最终停止在静力平衡位置。也就是在荷载作用下带阻尼的结构系统能够收敛于真实解。

根据式 (2.2)，带有阻尼力的球元运动方程可表示为

$$m^2 \frac{\mathrm{d}\ddot{u}}{\mathrm{d}t^2} = F_i^{\mathrm{int}} + F_i^{\mathrm{ext}} + F_i^{\mathrm{d}} \tag{2.22}$$

式中，F_i^{d} 为球元 i 的阻尼力。

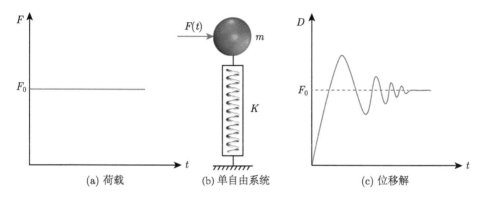

图 2.12 有阻尼的单自由系统的自振动收敛于静态解

在整体坐标系下，附加在球元的阻尼力可表示为

$$F_i^{\mathrm{d}} = \begin{bmatrix} F_i^{\mathrm{d}x} \\ F_i^{\mathrm{d}y} \\ F_i^{\mathrm{d}z} \end{bmatrix} = -\xi m^2 \frac{\mathrm{d}}{\mathrm{d}t^2} \begin{bmatrix} x^2 \\ y^2 \\ z^2 \end{bmatrix} \tag{2.23}$$

式中，$F_i^{\mathrm{d}x}$、$F_i^{\mathrm{d}y}$ 和 $F_i^{\mathrm{d}z}$ 为球元阻尼力沿 x 轴、y 轴和 z 轴的分量，$0 < \xi < 1$ 为阻尼因子。

随着阻尼的增大，阻尼的耗能作用逐渐增强，结构的动力行为逐渐被削弱，虽然取不同的阻尼因子数值结构都会收敛于同一平衡位置，但是当阻尼因子较小时 ($\xi < 0.2$)，阻尼耗能能力较弱，结构需要较长时间收敛于稳定解。当阻尼因子较大时 ($\xi < 0.9$)，结构属于过阻尼振动系统，结构将以较慢的速度收敛于稳定解，达到稳定解的计算时间较长。不同的阻尼因子代表了不同的振动形式，因此当采用 DSEM 计算静力问题时，为了加快稳定解的收敛速度，缩短收敛于稳定解的时间，获得最优的计算效率，阻尼因子应取得比临界数值稍小些，建议 ξ 取 0.6 ~ 0.7。

从以上分析可以看出，当 DSEM 应用于动力问题的求解时，与求解静力问题相比更加合理，这是因为此时动力平衡方程中的阻尼和时间有了与原动力问题性质相同的具体物理意义。工程中常用的黏性阻尼为 Rayleigh 线性比例阻尼。对于连续系统来说，假设阻尼与质量矩阵和刚度就矩阵的组合成比例，则 Rayleigh 阻

尼可表示为

$$C = \alpha m + \beta K \tag{2.24}$$

式中，C 为阻尼矩阵，m 为质量矩阵，K 为刚度矩阵，α 为质量阻尼比例系数，β 为刚度阻尼比例系数，并且由下式确定：

$$\begin{aligned} \alpha &= \zeta_0 \omega_0 \\ \beta &= \frac{\zeta_0}{\omega_0} \end{aligned} \tag{2.25}$$

式中，ζ_0 为阻尼比，ω_0 为频率，一般通过试验或结构模态分析确定。

图 2.13 为 Rayleigh 阻尼比与频率的关系图，可由下式表示：

$$\zeta_n = \frac{\alpha}{2\omega_n} + \frac{\beta\omega_n}{2} \tag{2.26}$$

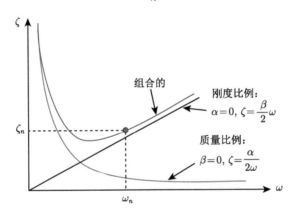

图 2.13　阻尼比与频率的关系 (Rayleigh 阻尼)

结构的阻尼比是衡量系统阻尼大小的重要参数，从式 (2.26) 和图 2.11 可以看出，对于质量比例阻尼，阻尼比与频率成反比；而对于刚度比例阻尼，阻尼比与频率成反比。对于低频率振动的系统，质量阻尼比较有效，而刚度阻尼则适用于快速、高频振动的系统。不同的结构类型其阻尼比取值不同，依据建筑抗震设计规范 (GB50011—2010)，钢结构的阻尼比为 0.02，混凝土结构的阻尼比为 0.05。

当结构的阻尼比确定之后，便可以通过式 (2.25) 确定质量阻尼比例系数 α 和刚度阻尼比例系数 β，DSEM 中质量阻尼产生的阻尼力 F_m^{d} 可表示为

$$F_m^{\mathrm{d}} = \begin{bmatrix} F_m^{\mathrm{d}x} \\ F_m^{\mathrm{d}y} \\ F_m^{\mathrm{d}z} \end{bmatrix} = -\alpha m \frac{\mathrm{d}}{\mathrm{d}t} \begin{bmatrix} x \\ y \\ z \end{bmatrix} \tag{2.27}$$

式中，$F_m^{\mathrm{d}x}$、$F_m^{\mathrm{d}y}$ 和 $F_m^{\mathrm{d}z}$ 为在整体坐标下的质量阻尼力的分量。

对于刚度阻尼产生的阻尼力 F_K^{d} 可表示为

$$F_K^{\mathrm{d}} = \begin{bmatrix} F_K^{\mathrm{d}x} \\ F_K^{\mathrm{d}y} \\ F_K^{\mathrm{d}z} \end{bmatrix} = -\beta \begin{bmatrix} k_n \\ & k_{s_1} \\ & & k_{s_2} \end{bmatrix} \begin{bmatrix} \Delta u_n \\ \Delta u_{s_1} \\ \Delta u_{s_2} \end{bmatrix} \tag{2.28}$$

式中，$F_K^{\mathrm{d}x}$、$F_K^{\mathrm{d}y}$ 和 $F_K^{\mathrm{d}z}$ 为在局部坐标下的刚度阻尼力的分量。

在 DSEM 中，Rayleigh 阻尼可用图 2.14 所示的阻尼物理模型来解释。如图 2.14 所示的通过弹簧连接的球元 A 与球元 B，此时质量比例阻尼 C_m 在物理意义上等价于用黏性活塞将球元与一不动点相连，使得球元的绝对运动受到阻尼作用。刚度比例阻尼 C_K 在物理意义上等价于用黏性活塞将两个接触的球元连接起来，使得球元 A 与球元 B 之间的相对运动受到阻尼作用。

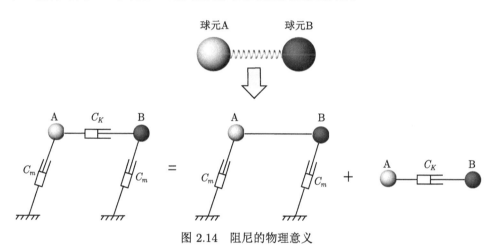

图 2.14 阻尼的物理意义

2.2.6 计算时步的确定

DSEM 采用差分法对球元的运动方程进行求解，差分计算必须选择增量时间的步长，当时间步长小于一个临界时间步长时，持续计算所积累的误差才能够保持在一个容许的范围之内，才能保证求解的稳定，也就是有了可收敛的准确结果。对于如图 2.15 所示具有集中质量 m 和刚度 k 的单自由弹性振动系统，其运动方程为

$$m\ddot{u} + ku = 0 \tag{2.29}$$

式中，$\ddot{u}$ 为加速度，u 为位移。

由中心差分法，加速度 $\ddot{u}$ 可表示为

$$\ddot{u} = \frac{u(t+1) - 2u(t) + u(t-1)}{(\Delta t)^2} \tag{2.30}$$

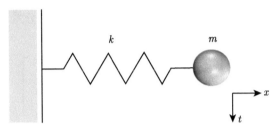

图 2.15　单自由弹性振动系统

将式 (2.30) 代入式 (2.29)，可得

$$u(t+1) + \left[\frac{k(\Delta t)^2}{m} - 2\right] u(t) + u(t-1) = 0 \tag{2.31}$$

根据差分理论，式 (2.31) 的解为

$$u(t) = \left[2 - \frac{k}{m}(\Delta t)^2 \pm \sqrt{\left(\frac{k}{m}\right)^2 (\Delta t)^4 - 4\frac{k}{m}(\Delta t)^2}\right] \Big/ 2 \tag{2.32}$$

为了使解具有振荡特性，$u(t)$ 必须是负数，即要求：

$$\left(\frac{k}{m}\right)^2 (\Delta t)^4 - 4\frac{k}{m}(\Delta t)^2 < 0 \tag{2.33}$$

即

$$\Delta t < 2\sqrt{\frac{m}{k}} = \frac{2}{\omega_n} \tag{2.34}$$

式中，$\omega_n = 2\pi/T$，T 是系统的固有振动周期，则式 (2.34) 可写成

$$\Delta t < \frac{T}{\pi} \tag{2.35}$$

当系统的最小固有振动周期总是大于其中任何一个球元的最小固有振动周期 $T_{\min}$ 时，将其应用于时步计算，计算结果是安全的。因此，在 DSEM 计算中通常取时间步长为

$$\Delta t \leqslant \frac{T_{\min}}{10} \tag{2.36}$$

式中，球元的最小固有振动周期 $T_{\min}$ 由下式确定：

$$T_{\min} = 2\pi \cdot \min_{1 \leqslant i \leqslant n} \left(\sqrt{\frac{m_i}{k_i}}\right) \tag{2.37}$$

式中，min 表示取最小值，n 为球元数目。

2.3 离散实体单元法计算软件的开发

2.3.1 编程语言和编程平台

新的计算方法必须通过程序进行实现，然后通过数值算例对计算方法的准确性和正确性进行验证，并最终编制软件将计算方法应用到实际工程中。由于目前常用的计算软件如有限元软件 Ansys、Abques 等与 DSEM 的计算理论完全不同，很难应用这些商业软件的求解程序或前处理部分，因此本书作者从 2015 年开始对 DSEM 的计算软件进行开发，计算软件的开发是本书的主要工作之一，花费了大量时间与精力。

计算程序开发中，采用合适的编程语言将给程序设计和编写代码带来更高的开发效率，并且程序代码将会具有更高的升级和扩展潜能，赋予开发的计算程序更高的运行效率。Fortran 语言具有执行效率高，灵活装配和标准化程度高等特点。因此，本书基于 Approximatrix Simply Fortran 编译器采用经典的面向过程的数值计算编程语言 Fortran 对 DSEM 的计算程序进行开发。Approximatrix Simply Fortran 内核是基于 GNU 的 GFortran，集成了开发环境，编辑器，调试器。其编辑器独有专门针对 Fortran 的语法检查，调用提示，派生类型成员列表提示自动完成等功能[129]。可自动代码折叠，自动生成模块列表和函数列表，便于管理和定位。本书使用 Fortran 语言主要编写了 DSEM 的前处理程序与求解程序，前处理程序主要包括对原始模型进行球元离散、建立弹簧连接、设置边界条件与加载条件等。求解程序为将上述和后续计算理论的数学语言编译成计算机语言，是本书程序开发的核心。主要包括球元的运动与所受作用力的计算，接触的断裂失效判断，相关物理量的更新以及球元加速度、速度、位移与接触力的计算。DSEM 计算程序的设计框架如图 2.16 所示。

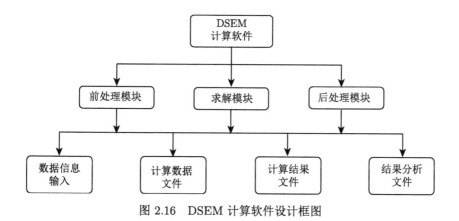

图 2.16 DSEM 计算软件设计框图

2.3.2 程序数据结构

DSEM 需要将分析对象离散为大量刚性球元的集合体,在计算过程中需要求解每个球元的接触力、加速度、位移等物理量。因此,在 DSEM 计算程序中需要将大量的数据保存在内存空间中,使得计算程序的数据结构十分复杂。如何有效的组织计算数据,使得调用数据方便快捷,提高程序的运行速度和计算效率,节省计算机储存空间,是开发 DSEM 计算程序的关键。

由于 DSEM 程序中,球元之间的接触关系不是固定不变的,比如解决裂纹扩展问题,需要在计算过程中打断球元之间的弹簧,也就是对球元之间的接触关系进行删除与修正。相应地,程序中的数据结构要随时增加或删除接触数据。所以,本书在编写 DSEM 计算程序时采用动态数据结构。动态数据结构是使用线性链表 (一组任意的存储单元) 存放数据元素的一种结构,该结构能够动态地增加或删除结点。链表结构克服了数组需要预先知道数据大小的缺点,链表结构可以充分利用计算机内存空间,实现灵活的内存动态管理。链表结构如图 2.17 所示,线性链表中的每一个结点除了需要存储数据元素的数值外,还需要一个能够指示数据元素在表中位置的指针信息。因此,线性链表有一系列结点 (链表中每一个元素称为结点) 组成,结点可以在运行时动态生成。每个结点包括两个部分:一个是存储数据元素的数据域,另一个是存储下一个结点地址的指针域。

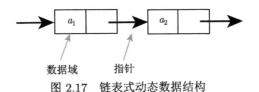

数据域   指针

图 2.17   链表式动态数据结构

DSEM 本质上是由球元和弹簧组成的离散系统对分析对象进行计算,因此 DSEM 计算模型主要有两个关键要素:球元和球元之间的接触,在计算程序中主要处理的数据为球元数据和球元间接触关系数据。

(1) 球元数据:球元是 DSEM 中重要物理元素,包括了研究对象的几何划分与物理离散的所有信息,决定了算法的规模与性质。球元的数据主要包括球元的尺寸、球元运动数据、球元受力数据、外荷载和边界条件等。按照球元的编号对球元的每一个物理参数建立链表,任务是存储、输入、输出和初始化数据,记录并更新计算程序中需要的数据,为后续计算模块提供数据支持。

(2) 球元间接触关系数据:在 DSEM 中弹簧是相互接触的球元进行连接的物理模型,描述了球元间接触力与相对位移的关系。其计算数据主要包括球元间接触关系的标识、相对位移、相互作用关系类型和接触力等。对球元间的接触关系标识和相互作用关系类型建立链表,根据断裂准则对球元进行接触判断,对链表进行删除与插入运算，实现球元间接触关系数据动态产生和消失，计算与更新相对位移和相互作用力。

2.3.3 计算流程

　　子程序是构造大型程序的有效工具，一个实用的程序，不管是系统程序还是应用程序，一般都含有多个子程序。把功能相对独立的程序段单独编写和调试作为一个相对独立的模块供程序使用，就形成了子程序 [130]。子程序可以实现源程序的模块化，简化源程序结果，提高编程效率。因此在开发 DSEM 计算程序时，将程序分为主程序和子程序两部分。首先对采用有限差分法按时步迭代求解球元的加速度、速度和位移等物理量进行了代码的编写，并将此部分程序作为主体程序，其余作为子程序进行编写。

　　DSEM 计算程序主要包括三个子程序，分别为根据弹性接触本构方程求解球元间弹性接触力的子程序；根据塑性接触本构方程求解塑性状态下球元间塑性接触力的子程序，具体为弹簧弹塑性状态判断的程序和塑性流动准则的程序；以及断裂计算的子程序，具体为根据断裂准则 (软化模型) 进行弹簧的断裂判断，从而对球元间的弹簧进行删除与更新的程序。根据处理问题的不同，主体程序调用不同的子程序进行计算分析，提高了 DSEM 程序的计算效率。

　　计算程序流程图如图 2.18 所示。采用 DSEM 计算程序分析连续体结构的力学行为时，主要计算步骤包括：

　　(1) 首先对分析对象进行球元离散，建立数值计算模型。读入计算数据文件，对球元的几何尺寸、球元所受的外荷载、边界条件、球元间的接触关系等建立数组与链表并赋初值。

　　(2) 采用中心差分法求解球元的运动控制方程，求得球元的加速度、速度与位移等物理量并写入相应的数据文件，为计算球元的接触力作准备。

　　(3) 根据屈服准则对弹簧的弹塑性状态进行判定，选择合适的弹塑性接触本构方程求解球元间的接触力，得到接触力数据文件。

　　(4) 根据断裂准则确定单根弹簧的断裂状态，增加或删除球元的接触关系标识，动态更新接触关系链表。

　　(5) 根据力系平移定理计算和更新球元的接触力、位移和位置，进行下一时步的计算。最后清理内存，输出需要的计算结果。

　　可以看到 DSEM 计算程序中还包括了弹塑性状态判断、求解弹塑性接触本构方程和断裂计算模块，需要增加大量的塑性和断裂的计算数据，修改球元之间的接触信息。本书在 DSEM 主体计算程序下，将塑性和断裂这两个计算模块编写为独立的子程序，当处理连续体材料的塑性和断裂问题时，主体程序将调用子程序进行塑性和断裂计算。关于 DSEM 如何处理塑性和断裂问题将在后续章节中进行介绍。

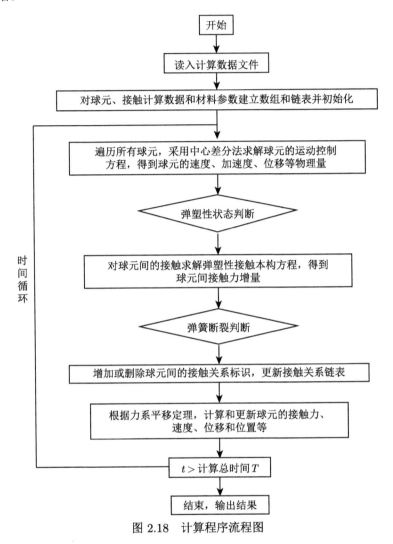

图 2.18   计算程序流程图

本书已经成功地编制了 DSEM 的计算程序，主要解决连续体材料的大变形、强材料非线性以及裂纹扩展等问题，通过数值算例与试验结果或文献结果的比较，验证了本书提出的 DSEM 的基本理论与程序的正确性，展示了该方法处理复杂力学问题的强大能力。

2.3.4   接触判断算法

在 DSEM 中，根据接触本构方程计算球元之间的相互接触力之前，需要建立球元之间的接触关系，通过弹簧将两个相接触球元的球心连接起来。根据接触法则判断球元间的接触是否存在的过程称为接触判断算法。在采用 DSEM 解决结构的冲击、倒塌和碰撞等问题时，接触判断算法尤为重要。

这里需要说明的是，由于本书提出的 DSEM 应用于解决连续体结构的力学问题，采用球元规则排列的形式将研究对象离散为相应的计算模型，在建立计算模型过程中已经根据弹簧设置准则将球元之间建立了接触关系，包括棱边弹簧与面对角线弹簧，如图 2.19 所示。弹簧设置准则为：在球元呈立方体规则排列的基础上，将与中心球元距离为 $2r$ 的周围球元通过棱边弹簧建立接触关系，而与中心球元距离为 $2\sqrt{2}r$ 的周围球元通过面对角线弹簧建立接触关系。因此在建立 DSEM 计算模型时，不需要对所有球元进行接触搜索判断，并且当计算的问题不涉及球元碰撞或断裂时，也不需要对球元进行接触搜索判断。

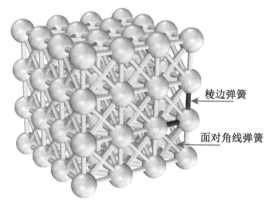

图 2.19　计算模型中弹簧的设置

最简单的接触搜索算法是将每一个球元与计算模型中其他所有球元逐一进行接触判断，假设计算模型中的球元数为 n，则需要接触判断的总次数为 $N = n(n-1)/2$。如果计算模型中拥有大量球元则会造成巨大的计算量，导致计算效率下降。基于以上讨论，本书将采用空间分解的接触判断算法 (Space Decomposition Algorithm，SDA)，对球元间的接触关系进行搜索判断，该方法已经被证实是计算效率最高的一种接触判断算法。

SDA 算法的核心思想为将计算空间分解为尺寸相同的立方体盒子，根据立方体盒子的坐标将每个盒子赋予唯一的编号，如图 2.20 所示。首先通过球元的球心坐标与盒子所在空间的位置建立球元与盒子之间的关系。其次，通过球元和盒子之间的关系确定包括目标球元的一个局部区域，称为 "邻居域"。只有 "邻居域" 中包含的球元才有可能与目标球元相接触。因此，只需要对 "邻居域" 中的球元与目标球元进行接触判断即可。由于本书对分析对象进行球元离散时，球元的尺寸是相同的，即所有球元的半径均相同，因此当判断目标球元与 "邻居域" 中球元的接触关系时，以球元半径为参数建立接触判断准则，当满足如下接触条件时，球元间建立接触关系。

$$d_{ij} = \sqrt{(x_j - x_i)^2 + (y_j - y_i)^2 + (z_j - z_i)^2} \leqslant (r_i + r_j) = 2r \tag{2.38}$$

式中，x_i、y_i、z_i 和 x_j、y_j、z_j 分别为球元 i 和 j 在整体坐标下的坐标，r 为球元半径。

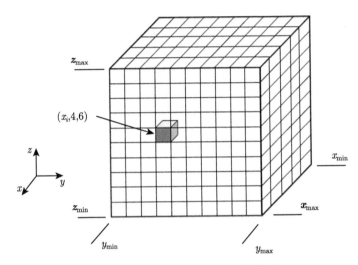

图 2.20　计算空间分解为立方体盒子

当球元球心坐标位于某个盒子内时，则认为该球元位于此盒子中，由目标球元所在的盒子与周围计算空间一定范围内的盒子共同构成"邻居域"。二维平面内计算空间分解的接触判断如图 2.21 所示。图中阴影表示"邻居域"的范围，目标球元所在盒子的编号设为 $N_{ixy} = [N_{ix}, N_{iy}]$，"邻居域"的范围 N_{oxy} 可表示为

$$\begin{bmatrix} N_{ix} \\ N_{iy} \end{bmatrix} - S \leqslant N_{oxy} = \begin{bmatrix} N_{ox} \\ N_{oy} \end{bmatrix} \leqslant \begin{bmatrix} N_{ix} \\ N_{iy} \end{bmatrix} + S \tag{2.39}$$

式中，S 为局部搜索范围，由下式表示：

$$S = \mathrm{int}(2r/l_{\mathrm{cell}}) + 1 \tag{2.40}$$

式中，int 为取整运算符号，l_{cell} 为立方体盒子边长。则"邻居域"包含的盒子数为

$$n = (2S + 1)^{\alpha} \tag{2.41}$$

式中，α 为维数。

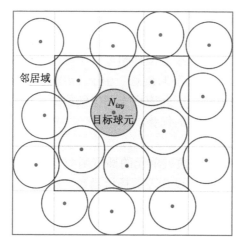

图 2.21 "邻居域"确定方法

取立方体盒子的边长略大于 DSEM 中球元直径，"邻居域"范围 $S=1$，则"邻居域"中包含目标球元所在盒子在内的 9 个盒子，如果是三维空间则是 27 个盒子。可以看到，基于计算空间分解的 SDA 算法将球元的接触判断搜索从整个计算模型的所有球元转移到"邻居域"局部范围内的部分球元，提高了 DSEM 计算程序中球元接触搜索的效率。

2.4 离散实体单元法与有限单元法区别与联系

在计算力学领域，FEM 是基于连续介质理论的代表方法，而 DEM 是基于非连续介质理论的代表方法，FEM 与 DEM 属于两种平行的数值计算方法，它们在基本概念、计算假设、计算特点上有着很大的区别，各有优势与缺点。本节将从以下三个方面总结本书提出的 DSEM 与 FEM 的区别与联系。

1) 基本概念与假设

FEM 是当今工程分析中获得最广泛应用的数值计算方法。将一个表示结构或连续体的求解域离散为若干个单元，并通过单元边界上的节点相互联结成为组合体。用每个单元内假设的近似函数分片表示全求解域内待求的未知场变量。而每个单元内的近似函数由未知函数在单元各个节点上的数值和对应的差值函数来表达。由于单元之间必须保持场函数连续或是场函数导数的连续，并且需要维持单一连续区域的功能平衡，导致 FEM 很难处理断裂、冲击和穿透等不连续问题。

DSEM 的核心思想为将研究对象离散为独立的刚性球元，采用弹簧将相互接触的球元的球心连接起来，从而建立由球元与弹簧组成的离散分析模型。各个球元根据牛顿第二定律进行运动，弹簧的性质由接触力与接触变形的关系确定。通过动态松弛法求解系统中各球元的运动状态，从而得到研究对象的变形、内力等物理量的分布与演化。在 DSEM 计算过程中，材料的失效采用改变球元间的连接形式实现。当球元的接触力或接触位移超过某个判断准则时，球元间的接触本构方程发生改变，甚至破坏球元间的接触。由于 DSEM 计算中允许球元发生大位移，球元与球元间发生脱离，因此应用于模拟结构的断裂、强非线性、冲击、倒塌等复杂力学行为时具有明显的优势。

2) 单元变形与内力求解

FEM 的位移场函数需要通过单元的插值函数与节点的位移进行构建。无论采用何种单元类型，都需要假设合理的插值函数。影响插值函数的因素较多，主要包括单元的形状、节点的类型和数目。此外，为了构建插值函数的规范化形式，需要引入和物理坐标系同维的曲线坐标与和物理坐标系不同维的面积坐标以及体积坐标，存在复杂的坐标转换关系。可以看出，构件单元的插值函数是一项非常繁杂的工作，如果选取的插值函数不恰当，则会造成较大的计算误差，不能准确地模拟结构的力学行为。单元的内力与单元的纯变形有关，采用虚功原理求解单元内力，这一点与 DSEM 有本质的区别。

DSEM 以球元球心处的位移作为基本计算量。将球元的运动历程按照时步算法分解多个计算时步，在每一个计算步内都认为是小变形状态。采用中心差分法求解球元的运动方程，从而得到球元的加速度、速度和位移。其次，通过接触本构方程求解球元在每一个计算步内的接触力。因此，计算球元的变形与接触力不需要假设插值函数，更不需要计算结构整体刚度矩阵。值得说明的是，本书采用连续体力学中的能量理论对提出的 DSEM 中的弹簧刚度系数进行了推导，这与 FEM 中应变能的计算方法一致。

3) 控制方程与求解方案

FEM 通过和原问题数学模型等效的变分原理或加权余量法，建立求解基本未知量的代数方程组或常微分方程组，此方程组称为有限元求解方程。求解方程中需要建立单元刚度矩阵并将其集成为系统总体刚度矩阵，当 FEM 用于解决大变形、强材料非线性等复杂问题时，需要对结构刚度矩阵进行求逆运算和反复的迭代求解，经常会造成计算不收敛导致计算失败的问题。

DSEM 的控制方程为每个球元的运动向量方程式，每个球元的运动方程独立求解，求解过程中不需要组集球元和结构整体的刚度矩阵。采用中心差分法求解球元的运动方程，方程右侧的计算量都为已知量，计算方程左侧的未知量时只需要简单的代入法便可求得，计算收敛容易、计算效率高，适合解决强非线性问题。另外，动力和静力问题均采用相同的计算模块，即均采用动态松弛法进行求解，不需要额外引入其他的技术对动力问题进行求解。

2.5　本章小结

本章对传统 DEM 进行了简单的介绍,指明了传统 DEM 的优势和缺点。DEM 的主要优势为处理大变形、断裂、强材料非线性等复杂力学问题。基于传统 DEM,充分利用其优势,将其进行改进提出了三维 DSEM,应用于连续体结构强非线性仿真的研究。本章主要结论有:

(1) 建立了 DSEM 的物理模型。将研究对象离散为球元的集合体,球元的球心之间通过弹簧进行连接,通过球元和弹簧构成的离散系统进行结构力学行为的仿真研究。为了充分反映连续体结构的泊松比效应,在整体坐标系下球元间的弹簧系统包括棱边弹簧与面对角线弹簧,而在局部坐标系下,任意球元的弹簧包括法向弹簧和切向弹簧。

(2) 给出了 DSEM 计算流程,主要包括球元按照牛顿第二运动方程的运动计算循环,以及球元间接触力与相对位移的接触本构计算循环。推导了采用中心差分法求解运动方程的详细步骤,得到球元的加速度、速度和位移等物理量。建立了整体坐标与局部坐标的转换矩阵,给出了接触本构方程的推导过程。

(3) 对 DSEM 中两个重要问题进行了分析,分别为阻尼和计算时步。给出了分析静力问题和动力问题时阻尼的确定方法,其中在动力问题中采用 Rayleigh 阻尼。

(4) 采用 Fortran 语言基于 Approximatrix Simply Fortran 平台开发了 DSEM 的计算程序。详细介绍了采用链表的数据结构对球元数据和球元间接触关系数据的建立过程。给出了计算程序的流程图和采用 DSEM 计算程序模拟连续体结构力学行为的主要计算步骤。

(5) 采用空间分解的接触判断算法,将球元的接触判断搜索从整个计算模型的所有球元转移到“邻居域”局部范围内的部分球元,提高了 DSEM 计算程序中球元间接触关系搜索判断的效率。

(6) 将本书所提的 DSEM 与 FEM 进行了比较,从基本概念与假设、单元变形与内力求解和控制方程与求解方案三个方面详细比较了两种方法的不同,明确了本书提出的方法处理连续体结构强非线性问题的优越性和独特性。

第三章　离散实体单元法的几何大变形分析

3.1　引　　言

在经典的材料力学和弹性力学中存在小变形基本假设，即位移与应变关系是线性的，且应变为小量，即假定物体所发生的位移远远小于物理自身的几何尺度。在此前提下，建立物体或微元体的平衡条件时可以不考虑物体的位置和形状的变化。因此分析中不必区分变形前和变形后的位形，在加载和变形过程中的应变可用位移一次项的线应变进行度量，由于得到线性几何方程。

但是，在实际工程领域内经常遇到很多不符合小变形假设的问题，例如在某些荷载情况下的薄壳和薄板、机械上的柔软支架等，材料元素会有较大的位移和转动，此时平衡条件应建立在变形后的位形上，以考虑变形对平衡的影响，导致几何方程成为非线性。这种由于大位移引起的非线性问题称为几何非线性问题，但是材料的本构关系还是符合胡克定律。因此几何线性与非线性问题的区别为：线性问题假设结构在变形前后的受力特征是一样的，而非线性问题则考虑结构在变形之后的受力特征发生变化。

几何非线性问题至今尚未完全成熟，主要表现在建立非线性有关基本方程方面存在争论，各种方法都有各自的优缺点，并未得到一个权威性的结论。并且由于大变形引起荷载的变动对方程与解的影响问题研究较少，以及几何非线性解法发展仍然处于活跃阶段，尚未找到一种十分满意的适用性广、收敛速度快的解法。几何非线性问题仍然是一项正在迅速发展与完善的课题。

在涉及几何非线性问题的 FEM 方法中，通常采用增量分析方法，主要采用两种不同的表达格式。第一种格式中，所有静力学和动力学变量总是参考于结构的初始构形，在整体分析过程中参考构形保持不变，这种格式称为完全拉格朗日格式 (Total Lagrangian Formulation，T.L 格式)。另外一种格式中，所有静力学和动力学的变形参考于每一荷载增量或时间步长开始时的结构构形，在分析过程中参考构形是不断更新的，这种格式称为更新拉格朗日格式 (Updated Lagrangian Formulation，U.L 格式)。

基于完全拉格朗日格式和更新拉格朗日格式，各国学者对几何非线性问题展开了大量的研究。Oliver 等 [131] 建立了壳体结构几何非线性的完全拉格朗日有限元公式，考虑了壳体结构的大曲率影响和剪切变形效应，给出了相关有限元矩阵的显式形式。Chang 等 [132] 采用完全拉格朗日格式分析了多体系统中矩形板的动力非线性问题,给出了控制矩形板大位移和大转动的动力非线性方程。王晓峰等 [133] 建立了可考虑弯扭耦合和二次剪应力影响的空间梁几何非线性有限元模型,推导了大变形下完全拉格朗日格式几何刚度矩阵。采用 FEM 分析几何非线性问题时,如何计算变形后的坐标转化矩阵非常重要。由于在完全拉格朗日格式中变形后的局部坐标保持不变,很难考虑结构变形后的状态,因此很多学者将目光投向更新拉格朗日格式。

吴庆雄等 [134] 引入了把刚体位移和结构纯变形完全分离的坐标转换矩阵,采用梁单元对三维杆系结构的几何非线性进行分析,较好地评价了杆系结构大挠度、面内失稳等几何非线性问题。Léger 等 [135] 将更新拉格朗日方法与自适应网格重新划分算法相结合,分解结构的刚体位移和纯变形,应用于解决三维结构的大变形问题,不仅可以获得最佳网格,而且提高了数值结果的准确性。E. Kuhl 等 [136] 对更新拉格朗日限元方法进行了修正,在一定程度上弥补了拉格朗日格式在处理大变形时因网格扭曲造成的求解困难。可以看到,FEM 在处理结构几何非线性问题方面已经得到了充分的发展。

实际上,FEM 的理论基础是变分原理与连续体力学,当采用 FEM 解决强几何非线性问题时,由于方法理论的限制,无论采用完全拉格朗日格式还是更新拉格朗日格式都会遇到本质上的困难。当结构发生很大的位移或转动时,构形的变化将导致几何方程产生较高的转动分量和变形分量的阶次,将造成几何非线性方程的求解困难。此外,采用 FEM 分析几何非线性问题过程中需要不断计算单元的切线刚度矩阵并集成总刚度矩阵,经常出现刚度矩阵奇病问题,导致非线性方程不易收敛。

3.2 离散实体单元法分析思路

DSEM 属于非连续介质计算方法,与基于连续介质力学的 FEM 有着本质的区别。该方法将研究对象离散为刚性球元,球元间通过弹簧连接,由球元和弹簧共同构成了 DSEM 的计算模型。由于 DSEM 基于非连续介质力学理论,采用牛顿定律描述球元的运动,在计算过程中不需要满足变形协调条件和位移连续条件,不存在繁琐的单元刚度矩阵运算和组集整体刚度矩阵,并且球元之间可以发生相对运动,因此非常适合非线性、大变形、不连续行为的研究。

DSEM 求解结构的位移时,不需要区分问题属于几何小变形还是几何大变形,因为 DSEM 的控制方程为球元的运动方程和球元间的接触本构方程,不需要建立几何方程。采用 DSEM 计算几何大变形问题时,不存在非线性几何方程的建立和求解问题。DSEM 的计算过程为采用中心差分法求解球元的运动方程,将结构的响应划分为多个计算时步的累加，在每一个计算时步内对球元的速度、位移等物理量进行求解，根据球元间的相对位移应用接触本构方程参与球元的接触力计算。每一个计算时步内球元的位移状态没有几何方程的限制，随着计算时步的累加，结构的变形逐渐增加直到结果收敛。因此，DSEM 能够有效地考虑结构大变形引起的高阶效应，可以采用统一的计算步骤解决结构的几何小变形和强几何非线性问题。

由于 DSEM 中球元根据牛顿第二定律进行运动，因此球元的运动计算实际上结构在荷载作用下的真实响应，动力问题和几何非线性问题包含在运动方程的求解之中，不需要引入其他方法或技术对其进行改进和修正，计算流程简单清晰。就 DSEM 的计算效率而言，在每一个计算时步内需要遍历模型中的所有球元进行球元位移的计算，以及遍历模型中的所有接触进行球元接触力的计算，但是无需进行刚度矩阵运算。只是随着结构复杂程度的增加，球元数量逐渐增多，计算时步增多，相应的计算量与计算时间逐渐增加。但是复杂结构的力学行为计算只是球元运动循环和接触本构循环的重复计算而已，不会造成实质性的计算困难。与 FEM 相比，DSEM 在解决小变形问题时与 FEM 的数值结果基本一致，精确度甚至还不如 FEM。但是当结构的变形越大，力学行为越复杂，此时 DSEM 的强几何非线性计算将表现出更大的优势。

为了将 DEM 处理强非线性问题的优势应用于连续体结构，如何合理的给出反应连续体结构力学响应的接触本构方程是该问题的关键。在 DEM 的接触本构方程中，球元间的接触位移和接触力通过弹簧刚度建立联系，如下式所示

$$
\begin{bmatrix} \Delta F_n \\ \Delta F_{s_1} \\ \Delta F_{s_2} \end{bmatrix} = \begin{bmatrix} k_n \\ k_{s_1} \\ k_{s_2} \end{bmatrix} \begin{bmatrix} \Delta u_n \\ \Delta u_{s_1} \\ \Delta u_{s_2} \end{bmatrix} \tag{3.1}
$$

可以看到，当研究的问题处于弹性阶段时，此时接触本构方程中的弹簧刚度系数为固定值，球元间的接触位移增量与接触力增量成线性比例关系，建立适用于连续体结构的接触本构方程，本质上是合理地确定弹簧刚度系数。传统的 DEM 主要应用于解决沙土等散粒体材料的力学问题，根据散粒体的材料性质确定弹簧刚度系数，传统 DEM 中的弹簧刚度系数不适用于分析连续体结构的力学行为。因此，各国学者对 DEM 应用于解决连续体弹性问题的弹簧刚度系数展开了大量研究。

Griffiths 等 [137] 将连接两个相邻球元的弹簧等效为两节点的 FEM 梁单元，采用虚位移原理对弹簧刚度进行了推导，对二维弹性连续体中的平面应变和平面应力问题进行了分析。Damien[138]、Meguro[139] 和齐念等 [140] 同样将球元间的连接看作为梁结构，基于梁的受力特性推导了弹簧刚度系数，应用于杆系结构的弹性分析，

包括空间杆系结构的几何大变形和静动力问题。赵高峰等[141]基于 Cauchy-Born 准则推导了弹簧参数与材料宏观常数之间的关系式,提出了离散晶格模型,分析了三维连续体结构的弹性性质与动态破坏问题。张振南等[142]详细研究了材料的弹性模量与泊松比对 DEM 中虚拟弹簧的性能影响,提出了线弹性材料的 DEM 本构模型,应用于裂缝扩展的机理研究。可以看到,为了利用 DEM 处理大变形、断裂等复杂力学行为的优势,将其扩展到解决连续体结构的强非线性问题,关键问题为建立能够准确反映结构力学响应的弹簧本构模型。

本章通过计算弹簧的弹性势能表示连续体的应变能,根据能量守恒原理对棱边弹簧组和对角线弹簧组中法向弹簧和切向弹簧的弹簧刚度进行了严格地数学推导,建立了弹簧刚度系数与材料弹性模型与泊松比的关系式。通过三维弹性块体的受压分析,与 FEM 结果进行了对比,验证了 DSEM 进行连续体弹性计算的正确性。其次探讨了 DSEM 进行连续体几何大变形计算的实用性,采用悬臂梁受端弯矩的大变形和刚架受对边集中力的大变形算例,展示了该方法计算结构大变形的能力,所得结果与相关文献结果吻合良好。

3.3　弹簧刚度系数与材料弹性常数关系式的确定

3.3.1　球元间的弹簧类型

在 DSEM 的计算过程中有两套坐标系系统,分别为整体坐标系和任意两个球元间的局部坐标系。球元的运动计算在整体坐标系下进行,而球元间的接触力计算在局部坐标下进行,局部坐标系的建立过程已经在第二章中进行了详细地介绍。

整体和局部坐标系下,三维 DSEM 中的弹簧类型如图 3.1 所示。在 DSEM 计算模型中,根据相邻球元间的相对位置为和初始距离,将弹簧类型分为两类,分别

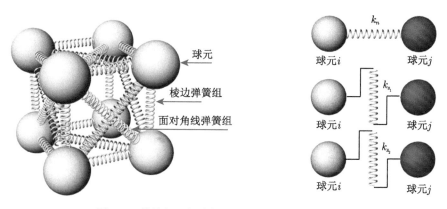

图 3.1　整体与局部坐标下 DSEM 中的弹簧类型

为棱边弹簧组和面对角线弹簧组。其中棱边弹簧连接的两个球元的初始距离为 $2r$，而面对角线连接的两个球元的初始距离为 $2\sqrt{2}r$，这里 r 为球元的半径。

在局部坐标下，可以看到，任意两个相连球元间的弹簧包括一个法向弹簧和两个切向弹簧，弹簧刚度系数分别定义为 k_n 和 k_{s_1}、k_{s_2}。由于 DSEM 中接触本构方程的求解，即球元间接触力的计算是基于局部坐标系进行的。因此，整体坐标系下的每一组棱边弹簧和面对角线弹簧都要分解成局部坐标下的法向和切向弹簧，从而进行球元间接触力的计算。

3.3.2　局部坐标下球元间相对位移的计算

法向和切向弹簧与局部坐标的关系如图 3.2 所示。可以看到，在任意两个球元间的局部坐标系下，法向弹簧与局部坐标系的法向方向相同，切向弹簧与局部坐标系的切向方向相同。整体与局部坐标的转换矩阵为

$$
\begin{bmatrix} n \\ s_1 \\ s_2 \end{bmatrix} = \begin{bmatrix} l_1 l_2 & m_2 & m_1 l_2 \\ -l_1 m_2 & l_2 & -m_1 m_2 \\ -m_1 & 0 & l_1 \end{bmatrix} \begin{bmatrix} x \\ y \\ z \end{bmatrix}
\tag{3.2}
$$

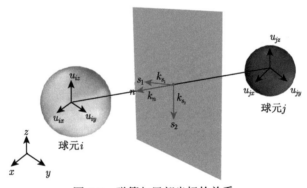

图 3.2　弹簧与局部坐标的关系

整体坐标下，任意球元 i 和球元 j 在计算时步 Δt 内球元间的相对位移增量可表示为

$$
\begin{aligned}
\Delta u_x &= u_{jx} - u_{ix} \\
\Delta u_y &= u_{jy} - u_{iy} \\
\Delta u_z &= u_{jz} - u_{iz}
\end{aligned}
\tag{3.3}
$$

式中，Δu_x、Δu_y 和 Δu_z 为整体坐标下沿 x 轴、y 轴和 z 轴的球元间位移增量的分量。

通过坐标转化矩阵，代入式 (3.3)，则在局部坐标下，任意球元 i 和球元 j 受力运动后法向相对位移增量和切向相对位移增量可表示为

$$\begin{bmatrix} \Delta u_n \\ \Delta u_{s_1} \\ \Delta u_{s_2} \end{bmatrix} = \begin{bmatrix} l_1 l_2 & m_2 & m_1 l_2 \\ -l_1 m_2 & l_2 & -m_1 m_2 \\ -m_1 & 0 & l_1 \end{bmatrix} \begin{bmatrix} \Delta u_x \\ \Delta u_y \\ \Delta u_z \end{bmatrix} \tag{3.4}$$

式中，Δu_n、Δu_{s_1} 和 Δu_{s_2} 分别为局部坐标下计算时步 Δt 内球元沿法向和切向的位移增量。

将式 (3.4) 计算后得球元间法向和切向位移增量与整体坐标下 x 轴、y 轴和 z 轴位移增量的关系为

$$\Delta u_n = u_{n_j} - u_{n_i} = l_1 l_2 (u_{jx} - u_{ix}) + m_2 (u_{jy} - u_{iy}) + m_1 l_2 (u_{jz} - u_{iz})$$

$$\Delta u_{s_1} = u_{s_{1,j}} - u_{s_{1,i}} = -l_1 m_2 (u_{jx} - u_{ix}) + l_2 (u_{jy} - u_{iy}) - m_1 m_2 (u_{jz} - u_{iz})$$

$$\Delta u_{s_2} = u_{s_{2,j}} - u_{s_{2,i}} = -m_1 (u_{jx} - u_{ix}) + l_1 (u_{jz} - u_{iz}) \tag{3.5}$$

3.3.3 离散实体单元法的应变能密度计算

DSEM 计算模型中单个球元的受力图如图 3.3 所示。单个球元所受的力由 18 个球元间的接触力以及一个等效外力组成，其中接触力包括 6 组棱边弹簧传来的接触力和 12 组对角线弹簧传来的接触力。每组接触力在局部坐标下分解为一个法向接触力和两个切向接触力。

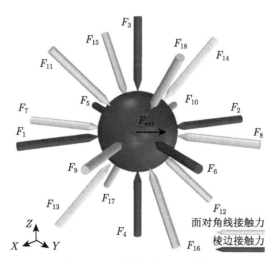

图 3.3 单个球元的受力示意图

基于弹性连续介质理论，固体的应变能在数值上等于外力所做的功，在连续体结构的 DSEM 计算模型中，对于由离散球元与弹簧组成的系统，任意球元 i 的单位体积应变能可由与其相关联的法向弹簧和切向弹簧的弹性势能表示。根据单

个球元的受力状态，单个球元的总弹性势能包括 18 组弹簧的弹性势能，在局部坐标下每组弹簧的弹性势能又包括一个法向弹簧的弹性势能和两个切向弹簧的弹性势能。则在 DSEM 模型中，材料单位体积的应变能为

$$\Pi_i'' = \frac{1}{V} \sum_{n=1}^{18} \frac{1}{2} \left[\frac{1}{2} k_{n_{ij}} (u_{n,j} - u_{n,i})^2 + \frac{1}{2} k_{s_{1,ij}} (u_{s_{1,j}} - u_{s_{1,i}})^2 \right.$$

$$\left. + \frac{1}{2} k_{s_{2,ij}} (u_{s_{2,j}} - u_{s_{2,i}})^2 \right] \tag{3.6}$$

式中，$k_{n_{ij}}$、$k_{s_{1,ij}}$ 和 $k_{s_{2,ij}}$ 为连接球元 i 和球元 j 的法向弹簧和切向弹簧的刚度系数；$V = 8r^3$ 为球元所占的平均体积；n 为与球元 i 接触的球元数，即与球元 i 连接的弹簧数；$u_{n,i}$、$u_{s_{1,i}}$ 和 $u_{s_{2,i}}$ 为球元 i 的法向和切向位移；$u_{n,j}$、$u_{s_{1,j}}$ 和 $u_{s_{2,j}}$ 为球元的 j 法向和切向位移。

当材料处于弹性阶段时，整体坐标下 DSEM 模型中球元间的相对位移可以通过材料应变表示：

$$u_{jx} - u_{ix} = (x_j - x_i)\varepsilon_x + \frac{y_j - y_i}{2}\gamma_{xy} + \frac{z_j - z_i}{2}\gamma_{xz}$$

$$u_{jy} - u_{ix} = (y_j - y_i)\varepsilon_y + \frac{x_j - x_i}{2}\gamma_{xy} + \frac{z_j - z_i}{2}\gamma_{yz} \tag{3.7}$$

$$u_{jz} - u_{iz} = (z_j - z_i)\varepsilon_z + \frac{y_j - y_i}{2}\gamma_{yz} + \frac{x_j - x_i}{2}\gamma_{xz}$$

式中，x_j、y_j 和 z_j 为球元 j 的整体坐标；x_i、y_i 和 z_i 为球元 i 的整体坐标；ε_x、ε_y 和 ε_z，γ_{xy}、γ_{xz} 和 γ_{yz} 为工程应变分量，分别为正应变和切应变。

通过坐标转换矩阵式 (3.2)，整体坐标下球元间的坐标计算可用模型中球元间的初始距离表示：

$$\begin{bmatrix} x_j - x_i \\ y_j - y_i \\ z_j - z_i \end{bmatrix} = \begin{bmatrix} l_1 l_2 & m_2 & m_1 l_2 \\ -l_1 m_2 & l_2 & -m_1 m_2 \\ -m_1 & 0 & l_1 \end{bmatrix}^{-1} \begin{bmatrix} l_0 \\ 0 \\ 0 \end{bmatrix} = \begin{bmatrix} l_0 l_1 l_2 \\ l_0 m_2 \\ l_0 l_2 m_1 \end{bmatrix} \tag{3.8}$$

式中，l_0 为模型中球元间的初始距离；对于棱边弹簧连接的球元，球元间的初始距离为 $l_0 = 2r$；对于面对角线弹簧连接的球元，球元间的初始距离为 $l_0 = 2\sqrt{2}r$。

将式 (3.8) 代入式 (3.7)，整体坐标下球元间的相对位移通过球元间初始距离 l_0 表示为

$$u_{jx} - u_{ix} = l_0 l_1 l_2 \varepsilon_x + \frac{l_0}{2} m_2 \gamma_{xy} + \frac{l_0}{2} l_2 m_1 \gamma_{xz}$$

$$u_{jy} - u_{iy} = l_0 m_2 \varepsilon_y + \frac{l_0}{2} l_1 l_2 \gamma_{xy} + \frac{l_0}{2} l_2 m_1 \gamma_{yz} \tag{3.9}$$

$$u_{jz} - u_{iz} = l_0 l_2 m_1 \varepsilon_z + \frac{l_0}{2} m_2 \gamma_{yz} + \frac{l_0}{2} l_1 l_2 \gamma_{xz}$$

将式 (3.9) 代入式 (3.5)，局部坐标下球元的法向位移增量和切向位移增量可通过球元间初始距离和工程应变表示为

$$
\begin{aligned}
\Delta u_n &= u_{n,j} - u_{n,i} \\
&= l_1 l_2 \left(l_0 l_1 l_2 \varepsilon_x + \frac{l_0}{2} m_2 \gamma_{xy} + \frac{l_0}{2} l_2 m_1 \gamma_{xz} \right) \\
&\quad + m_2 \left(l_0 m_2 \varepsilon_y + \frac{l_0}{2} l_1 l_2 \gamma_{xy} + \frac{l_0}{2} l_2 m_1 \gamma_{yz} \right) \\
&\quad + m_1 l_2 \left(l_0 l_2 m_1 \varepsilon_z + \frac{l_0}{2} m_2 \gamma_{yz} + \frac{l_0}{2} l_1 l_2 \gamma_{xz} \right) \\
&= l_0 \left(l_1^2 l_2^2 \varepsilon_x + m_2^2 \varepsilon_y + l_2^2 m_1^2 \varepsilon_z + l_1 l_2 m_2 \gamma_{xy} + l_1 l_2^2 m_1 \gamma_{xz} + l_2 m_1 m_2 \gamma_{yz} \right) \quad (3.10)
\end{aligned}
$$

$$
\begin{aligned}
\Delta u_{s_1} &= u_{s_{1,j}} - u_{s_{1,i}} \\
&= -l_1 m_2 \left(l_0 l_1 l_2 \varepsilon_x + \frac{l_0}{2} m_2 \gamma_{xy} + \frac{l_0}{2} l_2 m_1 \gamma_{xz} \right) \\
&\quad + l_2 \left(l_0 m_2 \varepsilon_y + \frac{l_0}{2} l_1 l_2 \gamma_{xy} + \frac{l_0}{2} l_2 m_1 \gamma_{yz} \right) \\
&\quad - m_1 m_2 \left(l_0 l_2 m_1 \varepsilon_z + \frac{l_0}{2} m_2 \gamma_{yz} + \frac{l_0}{2} l_1 l_2 \gamma_{xz} \right) \\
&= l_0 \Bigg(-l_1^2 l_2 m_2 \varepsilon_x + l_2 m_2 \varepsilon_y - l_2 m_1^2 m_2 \varepsilon_z - \frac{l_1 m_2^2 - l_1 l_2^2}{2} \gamma_{xy} \\
&\quad - l_1 l_2 m_1 m_2 \gamma_{xz} + \frac{l_2^2 m_1 - m_1 m_2^2}{2} \gamma_{yz} \Bigg) \quad (3.11)
\end{aligned}
$$

$$
\begin{aligned}
\Delta u_{s_2} &= u_{s_{2,j}} - u_{s_{2,i}} \\
&= -m_1 \left(l_0 l_1 l_2 \varepsilon_x + \frac{l_0}{2} m_2 \gamma_{xy} + \frac{l_0}{2} l_2 m_1 \gamma_{xz} \right) \\
&\quad + l_1 \left(l_0 l_2 m_1 \varepsilon_z + \frac{l_0}{2} m_2 \gamma_{yz} + \frac{l_0}{2} l_1 l_2 \gamma_{xz} \right) \\
&= l_0 \left(-l_1 l_2 m_1 \varepsilon_x + l_1 l_2 m_1 \varepsilon_z - \frac{m_1 m_2}{2} \gamma_{xy} - \frac{l_2 m_1^2 - l_1^2 l_2}{2} \gamma_{xz} + \frac{l_1 m_2}{2} \gamma_{yz} \right) \\
&\quad (3.12)
\end{aligned}
$$

将式 (3.10)~ 式 (3.12) 代入式 (3.6)，则 DSEM 模型中材料单位体积的应变

能，即应变能密度通过工程应变可表示为

$$
\Pi_i'' = \frac{1}{4V} \sum_{j=1}^{18} \Big\{ k_{n_{ij}} l_0^2 (l_1^2 l_2^2 \varepsilon_x + m_2^2 \varepsilon_y + l_2^2 m_1^2 \varepsilon_z + l_1 l_2 m_2 \gamma_{xy}
$$

$$
+ l_1 l_2^2 m_1 \gamma_{xz} + l_2 m_1 m_2 \gamma_{yz})^2 + k_{s_{1,ij}} l_0^2 \Big[- l_1^2 l_2 m_2 \varepsilon_x + l_2 m_2 \varepsilon_y
$$

$$
- l_2 m_1^2 m_2 \varepsilon_z - (l_1 m_2^2 - l_1 l_2^2) \frac{\gamma_{xy}}{2} - l_1 l_2 m_1 m_2 \frac{\gamma_{xz}}{2} + (l_2^2 m_1 - m_1 m_2^2) \frac{\gamma_{yz}}{2} \Big]^2
$$

$$
+ k_{s_{2,ij}} l_0^2 \Big[- l_1 l_2 m_1 \varepsilon_x + l_1 l_2 m_1 \varepsilon_z - m_1 m_2 \frac{\gamma_{xy}}{2}
$$

$$
- (l_2 m_1^2 - l_1^2 l_2) \frac{\gamma_{xz}}{2} + l_2 m_2 \frac{\gamma_{yz}}{2} \Big]^2 \Big\} \tag{3.13}
$$

3.3.4　弹簧系统表示的应变能密度计算

球元 i 与周围球元的接触状态如图 3.4 所示，球元 i 与周围 18 个球元通过弹簧连接，包括 6 组棱边弹簧和 12 组对角线弹簧。对与球元 i 连接的周围球元进行编号，根据 DSEM 模型的对称性，将周围球元分为两类。其中 1 号 ~6 号球元与中心球元 i 通过棱边弹簧组连接，局部坐标下法向和切向弹簧刚度定义为 k_{n_1}、$k_{s_{1,1}}$ 和 $k_{s_{2,1}}$。7 号 ~18 号球元与中心球元 i 通过对角线弹簧组连接，局部坐标下法向和切向弹簧刚度定义为 k_{n_2}、$k_{s_{1,2}}$ 和 $k_{s_{2,2}}$。将与球元 i 连接的法向和切向弹簧刚度系数 $k_{n_{ij}}$、$k_{s_{1,ij}}$、$k_{s_{2,ij}}$，初始球心距离 l_0 和坐标转换矩阵中对应夹角 γ、η 的三角函数值 $l_1 = \cos\gamma$、$l_2 = \cos\eta$、$m_1 = \sin\gamma$、$m_2 = \sin\eta$ 代入式 (3.13)，计

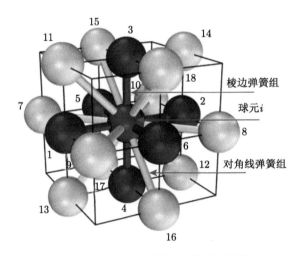

图 3.4　球元 i 与周围 18 个球元接触

算 DSEM 模型的应变能密度。下面对中心球元 i 与周围 18 个球元连接的弹簧弹性势能进行详细推导。

共有 18 组弹簧系统与中心球元连接，现对 DSEM 中 18 组弹簧系统表示的应变能密度进行计算。对于中心球元 i 与第一组球元 (1 号 ～6 号) 构成的局部坐标系，坐标转换矩阵中的夹角与三角函数值分别为

$$\begin{aligned}
&\gamma = \frac{\pi}{2}, \quad \eta = 0; \quad l_1 = 0, \quad l_2 = 1, \quad m_1 = 1, \quad m_2 = 0 \\
&\gamma = -\frac{\pi}{2}, \quad \eta = 0; \quad l_1 = 0, \quad l_2 = 1, \quad m_1 = -1, \quad m_2 = 0 \\
&\gamma = 0, \quad \eta = \frac{\pi}{2}; \quad l_1 = 1, \quad l_2 = 0, \quad m_1 = 0, \quad m_2 = 1 \\
&\gamma = 0, \quad \eta = -\frac{\pi}{2}; \quad l_1 = 1, \quad l_2 = 0, \quad m_1 = 0, \quad m_2 = -1 \\
&\gamma = \pi, \quad \eta = 0; \quad l_1 = -1, \quad l_2 = 1, \quad m_1 = 0, \quad m_2 = 0 \\
&\gamma = 0, \quad \eta = 0; \quad l_1 = 1, \quad l_2 = 1, \quad m_1 = 0, \quad m_2 = 0
\end{aligned} \tag{3.14}$$

对于中心球元 i 与第二组球元 (7 号 ～18 号) 构成的局部坐标系，坐标转换矩阵中的夹角与三角函数值分别为

$$\begin{aligned}
&\gamma = \frac{3\pi}{4}, \quad \eta = 0, \quad l_1 = -\frac{\sqrt{2}}{2}, \quad l_2 = 1, \quad m_1 = \frac{\sqrt{2}}{2}, \quad m_2 = 0 \\
&\gamma = -\frac{\pi}{4}, \quad \eta = 0, \quad l_1 = \frac{\sqrt{2}}{2}, \quad l_2 = 1, \quad m_1 = -\frac{\sqrt{2}}{2}, \quad m_2 = 0 \\
&\gamma = \frac{\pi}{4}, \quad \eta = 0, \quad l_1 = \frac{\sqrt{2}}{2}, \quad l_2 = 1, \quad m_1 = \frac{\sqrt{2}}{2}, \quad m_2 = 0 \\
&\gamma = -\frac{3\pi}{4}, \quad \eta = 0, \quad l_1 = -\frac{\sqrt{2}}{2}, \quad l_2 = 1, \quad m_1 = -\frac{\sqrt{2}}{2}, \quad m_2 = 0 \\
&\gamma = \frac{\pi}{2}, \quad \eta = \frac{\pi}{4}, \quad l_1 = 0, \quad l_2 = \frac{\sqrt{2}}{2}, \quad m_1 = 1, \quad m_2 = \frac{\sqrt{2}}{2}
\end{aligned} \tag{3.15}$$

$$\begin{aligned}
&\gamma = -\frac{\pi}{2}, \quad \eta = -\frac{\pi}{4}, \quad l_1 = 0, \quad l_2 = \frac{\sqrt{2}}{2}, \quad m_1 = -1, \quad m_2 = -\frac{\sqrt{2}}{2} \\
&\gamma = \frac{\pi}{2}, \quad \eta = -\frac{\pi}{4}, \quad l_1 = 0, \quad l_2 = \frac{\sqrt{2}}{2}, \quad m_1 = 1, \quad m_2 = -\frac{\sqrt{2}}{2} \\
&\gamma = -\frac{\pi}{2}, \quad \eta = \frac{\pi}{4}, \quad l_1 = 0, \quad l_2 = \frac{\sqrt{2}}{2}, \quad m_1 = -1, \quad m_2 = \frac{\sqrt{2}}{2} \\
&\gamma = \pi, \quad \eta = \frac{\pi}{4}, \quad l_1 = 1, \quad l_2 = \frac{\sqrt{2}}{2}, \quad m_1 = 0, \quad m_2 = \frac{\sqrt{2}}{2}
\end{aligned} \tag{3.16}$$

$$\gamma = 0, \quad \eta = -\frac{\pi}{4}, \quad l_1 = 1, \quad l_2 = -\frac{\sqrt{2}}{2}, \quad m_1 = 0, \quad m_2 = -\frac{\sqrt{2}}{2}$$

$$\gamma = \pi, \quad \eta = -\frac{\pi}{4}, \quad l_1 = -1, \quad l_2 = -\frac{\sqrt{2}}{2}, \quad m_1 = 0, \quad m_2 = -\frac{\sqrt{2}}{2}$$

$$\gamma = 0, \quad \eta = \frac{\pi}{4}, \quad l_1 = 1, \quad l_2 = \frac{\sqrt{2}}{2}, \quad m_1 = 0, \quad m_2 = \frac{\sqrt{2}}{2}$$

第一组球元 (1 号 ~6 号) 与中心球元 i 的初始球心距离均为 $2r$，由弹簧弹性势能表示的应变能密度分别为

$$\Pi''_{i-1} = \Pi''_{i-2} = \frac{1}{8r}k_{n_1}\varepsilon_z^2 + \frac{1}{32r}k_{s_{1,1}}\gamma_{yz}^2 + \frac{1}{32r}k_{s_{2,1}}\gamma_{xz}^2$$

$$\Pi''_{i-3} = \Pi''_{i-4} = \frac{1}{8r}k_{n_1}\varepsilon_y^2 + \frac{1}{32r}k_{s_{1,1}}\gamma_{xy}^2 + \frac{1}{32r}k_{s_{2,1}}\gamma_{yz}^2 \qquad (3.17)$$

$$\Pi''_{i-5} = \Pi''_{i-6} = \frac{1}{8r}k_{n_1}\varepsilon_x^2 + \frac{1}{32r}k_{s_{1,1}}\gamma_{xy}^2 + \frac{1}{32r}k_{s_{2,1}}\gamma_{xz}^2$$

第二组球元 (7 号 ~18 号) 与中心球元 i 的初始球心距离均为 $2\sqrt{2}r$，由弹簧弹性势能表示的应变能密度分别为

$$\Pi''_{i-7} = \Pi''_{i-8} = \frac{1}{32r^3}\left[8r^2 k_{s_{2,2}}\left(\frac{\varepsilon_x}{2} - \frac{\varepsilon_y}{2}\right)^2 + 2\sqrt{2}r^2 k_{s_{1,2}}\gamma_{xy} + \frac{1}{8}\gamma_{yz}^2 \right.$$
$$\left. + 8r^2 k_{n_2}\left(\frac{\varepsilon_x}{2} + \frac{\gamma_{xz}}{2} + \frac{\varepsilon_z}{2}\right)^2\right]$$

$$\Pi''_{i-9} = \Pi''_{i-10} = \frac{1}{32r^3}\left[8r^2 k_{s_{2,2}}\left(\frac{\varepsilon_x}{2} - \frac{\varepsilon_z}{2}\right)^2 + 2\sqrt{2}r^2 k_{s_{1,2}}\gamma_{xy} - \frac{1}{8}\gamma_{yz}^2 \right.$$
$$\left. + 8r^2 k_{n_2}\left(\frac{\varepsilon_x}{2} - \frac{\gamma_{xz}}{2} + \frac{\varepsilon_z}{2}\right)^2\right] \qquad (3.18)$$

$$\Pi''_{i-11} = \Pi''_{i-12} = \frac{1}{32r^3}\left[8r^2 k_{s_{1,2}}\left(\frac{\varepsilon_y}{2} - \frac{\varepsilon_z}{2}\right)^2 + 2\sqrt{2}r^2 k_{s_{2,2}}\gamma_{xy} - \frac{1}{8}\gamma_{xz}^2 \right.$$
$$\left. + 8r^2 k_{n_2}\left(\frac{\varepsilon_y}{2} - \frac{\gamma_{yz}}{2} + \frac{\varepsilon_z}{2}\right)^2\right]$$

$$\Pi''_{i-13} = \Pi''_{i-14} = \frac{1}{32r^3}\left[8r^2 k_{s_{1,2}}\left(\frac{\varepsilon_y}{2} - \frac{\varepsilon_z}{2}\right)^2 + 2\sqrt{2}r^2 k_{s_{2,2}}\gamma_{xy} + \frac{1}{8}\gamma_{xz}^2 \right.$$
$$\left. + 8r^2 k_{n_2}\left(\frac{\varepsilon_y}{2} + \frac{\gamma_{yz}}{2} + \frac{\varepsilon_z}{2}\right)^2\right]$$

$$\Pi''_{i-15} = \Pi''_{i-16} = \frac{1}{32r^3}\left[8r^2 k_{s_{1,2}}\left(\frac{\varepsilon_x}{2} - \frac{\varepsilon_y}{2}\right)^2 + 2\sqrt{2}r^2 k_{s_{2,2}}\gamma_{xz} - \frac{1}{8}\gamma_{yz}^2 \right.$$
$$\left. + 8r^2 k_{n_2}\left(\frac{\varepsilon_x}{2} - \frac{\gamma_{xy}}{2} + \frac{\varepsilon_y}{2}\right)^2\right] \qquad (3.19)$$

$$\Pi''_{i-17} = \Pi''_{i-18} = \frac{1}{32r^3}\left[8r^2 k_{s_{1,2}}\left(\frac{\varepsilon_x}{2} - \frac{\varepsilon_y}{2}\right)^2 + 2\sqrt{2}r^2 k_{s_{2,2}}\gamma_{xz} + \frac{1}{8}\gamma_{yz}^2\right.$$
$$\left. + 8r^2 k_{n_2}\left(\frac{\varepsilon_x}{2} + \frac{\gamma_{xy}}{2} + \frac{\varepsilon_y}{2}\right)^2\right]$$

3.3.5 基于能量守恒原理弹簧刚度系数的确定

求得与中心球元连接的 18 组弹簧系统表示的 DSEM 应变能密度之后，根据变形固体中弹性力学的知识与能量守恒原理，对棱边弹簧组和面对角线弹簧组中的法向弹簧和切向弹簧刚度系数进行推导。

将式 (3.17)~ 式 (3.19) 代入式 (3.13)，整理得 DSEM 中应变能密度为

$$\Pi''_i = \varepsilon_x^2\left[\frac{1}{6r}(3k_{n_1} + 6k_{n_2} + 3k_{s_{1,2}} + 3k_{s_{2,2}})\right] + \varepsilon_y^2\left[\frac{1}{6r}(3k_{n_1} + 6k_{n_2} + 6k_{s_{1,2}})\right]$$
$$+ \varepsilon_z^2\left[\frac{1}{6r}(3k_{n_1} + 6k_{n_2} + 3k_{s_{1,2}} + 3k_{s_{2,2}})\right] + \varepsilon_x\varepsilon_y\left[\frac{1}{6r}(3k_{n_2} - 3k_{s_{1,2}})\right]$$
$$+ \varepsilon_x\varepsilon_z\left[\frac{1}{6r}(3k_{n_2} - 3k_{s_{2,2}})\right] + \varepsilon_y\varepsilon_z\left[\frac{1}{6r}(3k_{n_2} - 3k_{s_{1,2}})\right]$$
$$+ \gamma_{xy}^2\left[\frac{1}{12r}(6k_{n_2} + 3k_{s_{1,1}} + 6k_{s_{1,2}})\right] + \gamma_{xz}^2\left[\frac{1}{12r}(6k_{n_2} + 3k_{s_{2,1}} + 6k_{s_{2,2}})\right]$$
$$+ \gamma_{yz}^2\left[\frac{1}{12r}(6k_{n_2} + 3k_{s_{2,1}} + 6k_{s_{2,2}})\right] \tag{3.20}$$

将应变能密度分别对 6 个应变分量求导，得下列关系式：

$$\frac{\partial \Pi''_i}{\partial \gamma_{xy}} = \gamma_{xy}\left[\frac{1}{12r}(6k_{n_2} + 3k_{s_{1,1}} + 6k_{s_{1,2}})\right]$$
$$\frac{\partial \Pi''_i}{\partial \gamma_{xz}} = \gamma_{xz}\left[\frac{1}{12r}(6k_{n_2} + 3k_{s_{1,2}} + 6k_{s_{2,2}})\right] \tag{3.21}$$
$$\frac{\partial \Pi''_i}{\partial \gamma_{yz}} = \gamma_{yz}\left[\frac{1}{12r}(6k_{n_2} + 3k_{s_{1,2}} + 6k_{s_{2,2}})\right]$$

$$\frac{\partial \Pi''_i}{\partial \varepsilon_x} = \varepsilon_x\left[\frac{1}{6r}(3k_{n_1} + 6k_{n_2} + 3k_{s_{1,2}} + 3k_{s_{2,2}})\right] + \varepsilon_y\left[\frac{1}{6r}(3k_{n_2} - 3k_{s_{1,2}})\right]$$
$$+ \varepsilon_z\left[\frac{1}{6r}(3k_{n_2} - 3k_{s_{2,2}})\right]$$

$$\frac{\partial \Pi''_i}{\partial \varepsilon_y} = \varepsilon_y\left[\frac{1}{6r}(3k_{n_1} + 6k_{n_2} + 6k_{s_{1,2}})\right] + \varepsilon_x\left[\frac{1}{6r}(3k_{n_2} - 3k_{s_{1,2}})\right] \tag{3.22}$$
$$+ \varepsilon_z\left[\frac{1}{6r}(3k_{n_2} - 3k_{s_{1,2}})\right]$$

$$\frac{\partial \Pi_i''}{\partial \varepsilon_z} = \varepsilon_z \left[\frac{1}{6r}(3k_{n_1} + 6k_{n_2} + 3k_{s_{1,2}} + 3k_{s_{2,2}}) \right] + \varepsilon_x \left[\frac{1}{6r}(3k_{n_2} - 3k_{s_{2,2}}) \right]$$

$$+ \varepsilon_y \left[\frac{1}{6r}(3k_{n_2} - 3k_{s_{1,2}}) \right]$$

根据弹性力学 [143] 中能量形式的物理方程，即格林公式得

$$\sigma_x = \varepsilon_x \frac{(1-\nu)E}{(1-2\nu)(1+\nu)} + \varepsilon_y \frac{\nu E}{(1-2\nu)(1+\nu)} + \varepsilon_z \frac{\nu E}{(1-2\nu)(1+\nu)}$$

$$\sigma_y = \varepsilon_y \frac{(1-\nu)E}{(1-2\nu)(1+\nu)} + \varepsilon_x \frac{\nu E}{(1-2\nu)(1+\nu)} + \varepsilon_z \frac{\nu E}{(1-2\nu)(1+\nu)}$$

$$\sigma_z = \varepsilon_z \frac{(1-\nu)E}{(1-2\nu)(1+\nu)} + \varepsilon_x \frac{\nu E}{(1-2\nu)(1+\nu)} + \varepsilon_y \frac{\nu E}{(1-2\nu)(1+\nu)} \tag{3.23}$$

$$\tau_{xy} = \gamma_{xy} \frac{E}{2(1+\nu)}$$

$$\tau_{xz} = \gamma_{xz} \frac{E}{2(1+\nu)}$$

$$\tau_{yz} = \gamma_{yz} \frac{E}{2(1+\nu)}$$

式 (3.21)～ 式 (3.23) 表示的应力—应变关系等效，则得到下列方程：

$$\frac{1}{6r}(3k_{n_1} + 6k_{n_2} + 3k_{s_{1,2}} + 3k_{s_{2,2}}) = \frac{(1-\nu)E}{(1-2\nu)(1+\nu)}$$

$$\frac{1}{6r}(3k_{n_2} - 3k_{s_{1,2}}) = \frac{\nu E}{(1-2\nu)(1+\nu)}$$

$$\frac{1}{6r}(3k_{n_2} - 3k_{s_{2,2}}) = \frac{\nu E}{(1-2\nu)(1+\nu)}$$

$$\frac{1}{6r}(3k_{n_1} + 6k_{n_2} + 6k_{s_{1,2}}) = \frac{(1-\nu)E}{(1-2\nu)(1+\nu)} \tag{3.24}$$

$$\frac{1}{12r}(6k_{n_2} + 3k_{s_{1,1}} + 6k_{s_{1,2}}) = \frac{E}{2(1+\nu)}$$

$$\frac{1}{12r}(6k_{n_2} + 3k_{s_{2,1}} + 6k_{s_{2,2}}) = \frac{E}{2(1+\nu)}$$

求解式 (3.24)，得 DSEM 中棱边弹簧组与对角线弹簧组的法向弹簧和切向弹簧刚度系数为

$$k_{n_1} = k_{n_2} = \frac{2Er}{5(1-2\nu)}$$

$$k_{s_{1,1}} = k_{s_{2,1}} = k_{s_{1,2}} = k_{s_{2,2}} = \frac{2Er(4\nu - 1)}{5(2\nu - 1)(\nu + 1)} \tag{3.25}$$

式中，E 为材料的弹性模量，ν 为材料的泊松比。

3.4 算例分析与验证

根据 DSEM 的基本原理和计算流程，采用 Fortran 语言成功地开发了三维 DSEM 的计算程序。本节将通过对经典算例的模拟与分析，与相关文献结果和其他数值方法对比，验证本书提出的方法处理连续体结构弹性问题的适用性和正确性，考察该方法进行几何大变形计算的能力。

3.4.1 三维弹性块体结构的均布荷载受压分析

该算例为三维弹性块体结构均布荷载受压分析，通过对比 DSEM 与 FEM 的计算结果，考察 DSEM 对三维连续体结构进行弹性计算的准确性和精确度。弹性块体的几何尺寸、边界条件和材料参数如图 3.5 所示。弹性块体的几何尺寸为 8m×8m×8m，块体下表面固定，上表面施加竖向均布荷载。结构的材料参数为：弹性模量 $E=2.1\times10^{11}$Pa，泊松比 $\nu=0.3$，密度 $\rho=7850$kg/m³。

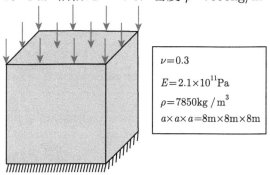

$\nu=0.3$

$E=2.1\times10^{11}$Pa

$\rho=7850$kg/m³

$a\times a\times a=8$m×8m×8m

图 3.5 三维弹性块体均布荷载受压

图 3.6(a) 和 (b) 分别为 FEM 和 DSEM 的计算模型图。在 DSEM 计算模型中，球元半径为 0.5m，球元总数为 729，接触弹簧总数为 7448。对于 FEM 模型，采用 FEM 软件 ANSYS 进行计算，在 ANSYS 中 solid185 单元常用于模拟三维实体结构，因此选用 solid185 单元对立方体进行单元划分，单元尺寸为 1m×1m×1m，单元总数为 512。

图 3.6(c)~(f) 为 FEM 和 DSEM 的计算结果。可以发现 DSEM 计算模型的位移分布与 FEM 计算模型的位移分布相同。表明 DSEM 可以有效地表示三维弹性连续体材料的力学性能，初步验证了本书方法以及所编程序解决连续体材料弹性问题的正确性。由于计算模型的对称性，弹性块体 x 轴方向的水平位移与 z

轴方向的水平位移结果完全相同，因此只列出了 FEM 与 DSEM 的 x 轴方向水平位移云图的对比。

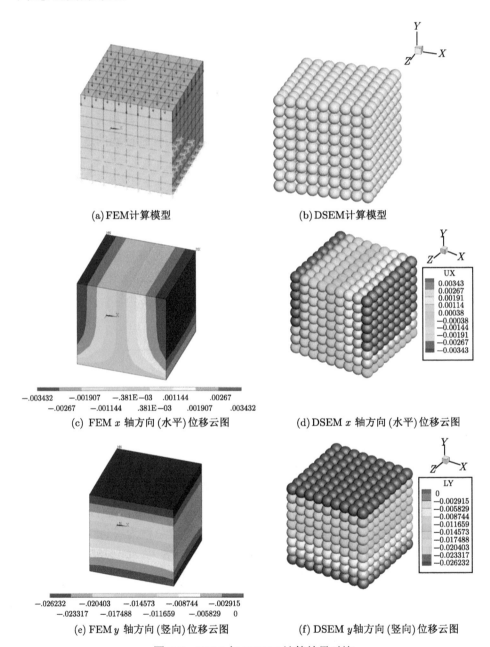

(a) FEM计算模型

(b) DSEM计算模型

(c) FEM x 轴方向 (水平) 位移云图

(d) DSEM x 轴方向 (水平) 位移云图

(e) FEM y 轴方向 (竖向) 位移云图

(f) DSEM y 轴方向 (竖向) 位移云图

图 3.6   FEM 与 DSEM 计算结果对比

选取了模型位于 $(y=1\mathrm{m}, z=6\mathrm{m})$、$(y=2\mathrm{m}, z=6\mathrm{m})$、$(y=5\mathrm{m}, z=6\mathrm{m})$ 和 $(y=7\mathrm{m}, z=6\mathrm{m})$ 四条直线位置上的水平位移,对 FEM 和 DSEM 的模拟结果进行了定量比较。对于竖向位移的定量比较,则选取了模型位于 $(y=1\mathrm{m}, z=6\mathrm{m})$、$(y=3\mathrm{m}, z=6\mathrm{m})$ 和 $(y=6\mathrm{m}, z=6\mathrm{m})$ 三条直线位置上的数据。图 3.7 和图 3.8 分别给出了 FEM 与 DSEM 两种计算方法的水平位移和竖向位移的定量比较结果。表 3.1~ 表 3.7 分别给出了与 FEM 相比 DSEM 的水平位移和竖向位移的误差。可以发现 DSEM 的位移结果与 FEM 的位移结果吻合良好。模型 $(y=1\mathrm{m}, z=6\mathrm{m})$、$(y=2\mathrm{m}, z=6\mathrm{m})$、$(y=5\mathrm{m}, z=6\mathrm{m})$ 和 $(y=7\mathrm{m}, z=6\mathrm{m})$ 位置上 DSEM 的水平位移最大误差分别为 5.52%、3.49%、2.55% 和 1.53%。而模型 $(y=1\mathrm{m}, z=6\mathrm{m})$、$(y=3\mathrm{m}, z=6\mathrm{m})$ 和 $(y=6\mathrm{m}, z=6\mathrm{m})$ 位置上 DSEM 的竖向位移最大误差分别为 3.97%、2.75% 和 1.88%。

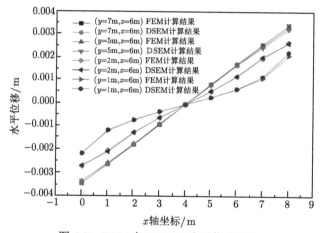

图 3.7 FEM 与 DSEM 水平位移对比

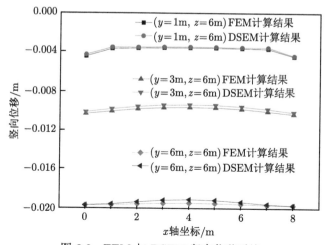

图 3.8 FEM 与 DSEM 竖向位移对比

表 3.1　($y=1\mathrm{m}$, $z=6\mathrm{m}$) 水平位移

x 轴坐标/m	FEM 结果/m	DSEM 结果/m	误差/%
0	-2.1210×10^{-3}	-2.1260×10^{-3}	0.24
1	-1.1402×10^{-3}	-1.1203×10^{-3}	1.74
2	-6.6686×10^{-4}	-6.7858×10^{-4}	1.76
3	-3.1542×10^{-4}	-3.1418×10^{-4}	0.39
4	0	0	0
5	3.1542×10^{-4}	3.1418×10^{-4}	0.39
6	6.6686×10^{-4}	6.7858×10^{-4}	1.76
7	1.1402×10^{-3}	1.2031×10^{-3}	5.52
8	2.1210×10^{-3}	2.0503×10^{-3}	3.33

表 3.2　($y=2\mathrm{m}$, $z=6\mathrm{m}$) 水平位移

x 轴坐标/m	FEM 结果/m	DSEM 结果/m	误差/%
0	-2.6987×10^{-3}	-2.6505×10^{-3}	1.79
1	-1.9919×10^{-3}	-2.0615×10^{-3}	3.49
2	-1.2134×10^{-3}	-1.2251×10^{-3}	0.97
3	-5.7851×10^{-4}	-5.7510×10^{-4}	0.59
4	0	0	0
5	5.7851×10^{-4}	5.7510×10^{-4}	0.59
6	1.2134×10^{-3}	1.2251×10^{-3}	0.97
7	1.9919×10^{-3}	2.0615×10^{-3}	3.49
8	2.6987×10^{-3}	2.6513×10^{-3}	1.76

表 3.3　($y=5\mathrm{m}$, $z=6\mathrm{m}$) 水平位移

x 轴坐标/m	FEM 结果/m	DSEM 结果/m	误差/%
0	-3.3403×10^{-3}	-3.3264×10^{-3}	0.42
1	-2.5306×10^{-3}	-2.5662×10^{-3}	1.41
2	-1.7053×10^{-3}	-1.7128×10^{-3}	0.44
3	-8.5760×10^{-4}	-8.3812×10^{-4}	2.27
4	0	0	0
5	8.5760×10^{-4}	8.3812×10^{-4}	2.27
6	1.7053×10^{-3}	1.7128×10^{-3}	0.44
7	2.5306×10^{-3}	2.4662×10^{-3}	2.55
8	3.3403×10^{-3}	3.2637×10^{-3}	2.29

表 3.4　($y=7\mathrm{m}$, $z=6\mathrm{m}$) 水平位移

x 轴坐标/m	FEM 结果/m	DSEM 结果/m	误差/%
0	-3.4324×10^{-3}	-3.3798×10^{-3}	1.53
1	-2.5973×10^{-3}	-2.5940×10^{-3}	0.13
2	-1.7499×10^{-3}	-1.7382×10^{-3}	0.67
3	-8.8251×10^{-4}	-8.7282×10^{-4}	1.10
4	0	0	0
5	8.8251×10^{-4}	8.7282×10^{-4}	1.10
6	1.7499×10^{-3}	1.7382×10^{-3}	0.67
7	2.5973×10^{-3}	2.5940×10^{-3}	0.13
8	3.4324×10^{-3}	3.4294×10^{-3}	0.09

表 3.5 ($y=1$m, $z=6$m) 竖向位移

x 轴坐标/m	FEM 结果/m	DSEM 结果/m	误差/%
0	-4.4139×10^{-3}	-4.2439×10^{-3}	3.85
1	-3.6468×10^{-3}	-3.5022×10^{-3}	3.97
2	-3.5975×10^{-3}	-3.4968×10^{-3}	2.80
3	-2.2803×10^{-2}	-2.2601×10^{-2}	0.88
4	-3.5542×10^{-3}	-3.4528×10^{-3}	2.85
5	-3.5574×10^{-3}	-3.4613×10^{-3}	2.70
6	-3.5975×10^{-3}	-3.4968×10^{-3}	2.80
7	-3.6468×10^{-3}	-3.5022×10^{-3}	3.97
8	-4.4139×10^{-3}	-4.3439×10^{-3}	1.59

表 3.6 ($y=3$m, $z=6$m) 竖向位移

x 轴坐标/m	FEM 结果/m	DSEM 结果/m	误差/%
0	-1.0272×10^{-2}	-1.0080×10^{-2}	1.87
1	-1.0002×10^{-2}	-9.7722×10^{-3}	2.30
2	-9.7683×10^{-3}	-9.5255×10^{-3}	2.49
3	-9.6356×10^{-3}	-9.3818×10^{-3}	2.63
4	-9.6011×10^{-3}	-9.3375×10^{-3}	2.75
5	-9.6356×10^{-3}	-9.3818×10^{-3}	2.63
6	-9.7683×10^{-3}	-9.5255×10^{-3}	2.49
7	-1.0002×10^{-2}	-9.7722×10^{-3}	2.30
8	-1.0272×10^{-2}	-1.0080×10^{-2}	1.87

表 3.7 ($y=6$m, $z=6$m) 竖向位移

x 轴坐标/m	FEM 结果/m	DSEM 结果/m	误差/%
0	-1.9623×10^{-2}	-1.9610×10^{-2}	0.07
1	-1.9570×10^{-2}	-1.9484×10^{-2}	0.44
2	-1.9488×10^{-2}	-1.9271×10^{-2}	1.11
3	-1.9418×10^{-2}	-1.9093×10^{-2}	1.68
4	-1.9392×10^{-2}	-1.9028×10^{-2}	1.88
5	-1.9418×10^{-2}	-1.9093×10^{-2}	1.68
6	-1.9488×10^{-2}	-1.9271×10^{-2}	1.11
7	-1.9570×10^{-2}	-1.9484×10^{-2}	0.44
8	-1.9623×10^{-2}	-1.9610×10^{-2}	0.07

以上关于 FEM 与 DSEM 的比较分析是基于模型内部的位移数据进行的, 下面将针对模型边界的位移结果, 对 DSEM 的位移误差分布进行分析。由于模型的对称特点, 弹性立方体的水平位移和竖向位移呈对称性分布。因此选取了模型 $y=8$ 截面上水平位移和竖向位移的计算结果。DSEM 的水平和竖向位移误差分布如图 3.9 和图 3.10 所示。与 FEM 结果相比, 该截面上大部分位置的水平位移误差在 5% 以内, 竖向位移误差在 4% 以内。其中最大水平位移误差为 6.93%, 最

大竖向位移误差为 5.18%。水平位移误差最大的位置为模型坐标 (0,8,3)、(0,8,4)、
(0,8,5)、(8,8,3)、(8,8,4) 和 (8,8,5)，位于弹性块体的棱边。竖向位移误差最大的
位置为模型坐标 (0,8,0)、(0,8,8)、(8,8,0) 和 (8,8,8)，位移弹性块体的角点。

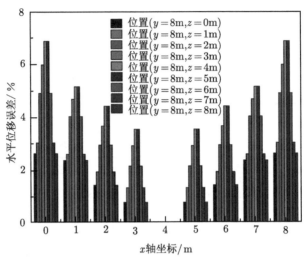

图 3.9   截面 $y = 8$ 水平位移误差分布

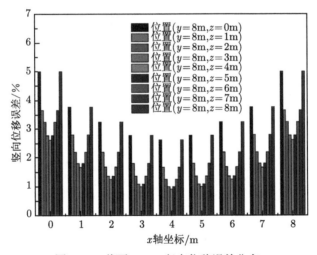

图 3.10   截面 $y = 8$ 竖向位移误差分布

位于 DSEM 计算模型内部的球元与周围 18 球元接触。而位于计算模型棱边
位置的球元与周围 9 个球元接触，如图 3.11 所示。位于计算模型角部位置的球
元与周围 6 个球元接触，如图 3.12 所示。因此，基于中心球元与周围 18 球元接
触的情况，采用能量守恒原理推导出的球元法向和切向弹簧刚度不能完全适用于
边界球元，造成弹性块体棱边和角点位置处的水平和竖向位移误差较大。

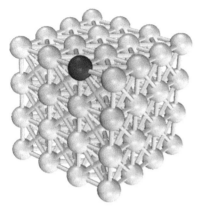 

图 3.11 模型棱边的球元与周围球元 　　图 3.12 模型角部的球元与周围球元

由于 DSEM 的计算理论中只有球元接触力的概念，与传统力学理论中应力概念有本质的区别，因此选取了 DSEM 和 FEM 计算模型的截面内力进行了对比。弹性块体上表面受竖向荷载作用，x 轴和 z 轴水平方向模型的截面内力为 0 N，表 3.8 列出了模型 y 轴竖向的截面内力对比结果。可以看出 DSEM 计算模型的截面内力与 FEM 结果吻合良好，各截面的内力误差均为 2.34%。

表 3.8　竖向截面内力比较结果

截面位置/m	FEM 结果/N	DSEM 结果/N	误差/%
$y = 1$	1.28×10^{10}	1.25×10^{10}	2.34
$y = 2$	1.28×10^{10}	1.25×10^{10}	2.34
$y = 3$	1.28×10^{10}	1.25×10^{10}	2.34
$y = 4$	1.28×10^{10}	1.25×10^{10}	2.34
$y = 5$	1.28×10^{10}	1.25×10^{10}	2.34
$y = 6$	1.28×10^{10}	1.25×10^{10}	2.34
$y = 7$	1.28×10^{10}	1.25×10^{10}	2.34
$y = 8$	1.28×10^{10}	1.25×10^{10}	2.34

3.4.2　悬臂梁受端弯矩的大变形分析

悬臂梁受自由端弯矩作用的大变形分析是测试大变形算法的标准算例之一，Chen 等[144]采用再生核粒子法，王仁佐等[145]采用向量式 FEM，以及喻莹等[146]采用 FPM 对悬臂梁的大变形进行了分析。本算例采用 DSEM 对悬臂梁受端弯矩作用的大变形进行计算，考察 DSEM 进行几何大变形计算的能力。

图 3.13 给出了悬臂梁的几何尺寸、边界条件和材料参数。悬臂梁长度为 10m，截面尺寸为 1m×1m，密度 $\rho=1\text{kg/m}^3$，弹性模量 $E=10\text{Pa}$，材料保持弹性。悬臂梁自由端受弯矩 M 作用，随着弯矩的增加，悬臂梁会由原来的直线状态逐渐弯

成半圆形或圆形。在 DSEM 计算模型中球元的半径为 0.1m，沿梁横截面划分为 6×6 球元，球元数目共计 1836 个。

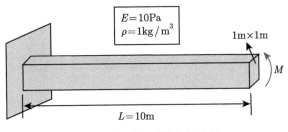

$$E=10\text{Pa}$$
$$\rho=1\text{kg}/\text{m}^3$$

1m×1m

M

$L=10\text{m}$

图 3.13　悬臂梁受端弯矩作用

为了获得静力解，对悬臂梁进行缓慢加载，加载策略如图 3.14 所示。当计算时间为 0~30s 时，端弯矩 $M(t)$ 以线性方式加载到 $ML/2\pi EI$，之后在 30~40s 内保持荷载恒定。时间步长 $\Delta t = 1 \times 10^{-4}$s，阻尼系数 $\xi = 0.7$，由于加载速率缓慢，同时又有阻尼的耗能作用，因此可以认为是模拟悬臂梁结构的拟静力行为。

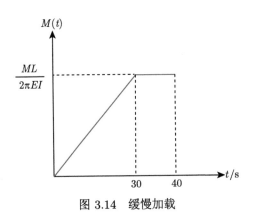

$M(t)$

$\dfrac{ML}{2\pi EI}$

30　40　　t/s

图 3.14　缓慢加载

当悬臂梁自由端承受弯矩 M 作用时，无量纲荷载 $ML/(EI)$ 与悬臂梁变形的关系如表 3.9 所示。DSEM 的计算结果如图 3.15 所示。随着弯矩的增加，悬臂梁在端弯矩作用下出现大变形和大转角。当 $ML/(EI) = 0.5\pi$ 时，悬臂梁的变形形状为 1/4 圆形；当 $ML/(EI) = \pi$ 时，悬臂梁的变形形状为半圆形；当 $ML/(EI) = 1.5\pi$ 时，悬臂梁的变形形状为 3/4 圆形；当 $ML/(EI) = 2\pi$ 时，悬臂梁的变形形状为圆形，与文献结果和欧拉梁理论结果一致，说明 DSEM 具有处理连续体结构大变形行为的能力。

表 3.9　悬臂梁端弯矩与变形关系

无量纲荷载 $ML/(EI)$	0.5π	π	1.5π	2π
悬臂梁的变形	1/4 圆	半圆	3/4 圆	圆形

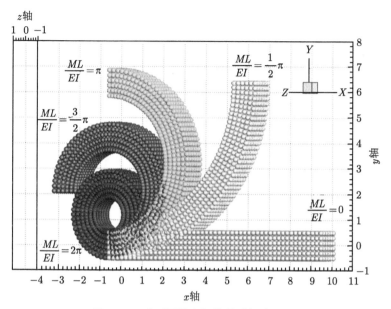

图 3.15　受不同端弯矩的悬臂梁变形图

图 3.16 和图 3.17 分别为悬臂梁自由端无量纲荷载与无量纲水平位移、无量纲竖向位移的关系曲线，并与文献结果 [147] 进行了对比。可以看出 DSEM 的计算结果与文献结果相当接近，具有较高的精度，说明了本书提出的 DSEM 具有解决连续体结构强几何非线性问题的能力。

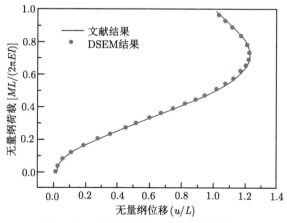

图 3.16　悬臂端荷载—水平位移曲线

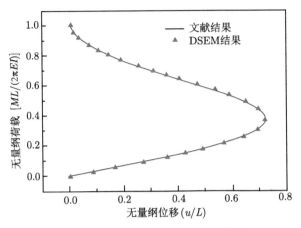

图 3.17　悬臂端荷载—竖向位移曲线

3.4.3　刚架受对边集中力作用的大变形分析

本算例采用 DSEM 对三维正方形刚架受对边拉力和压力作用的大变形进行计算，与 Mattiasson[148] 采用椭圆积分得到的结果进行了对比。

图 3.18 和图 3.19 分别为正方形刚架受对边拉力和压力作用的变形图。可以看到，当刚架受对边拉力作用时，刚架上下构件将产生外凸位移 w，左右构件将产生内凹位移 u。当刚架受对边压力作用时，刚架上下构件将产生内凹位移 w，而左右构件将产生外凸位移 u，两种受力状态刚架的构件相对转角均定义为 θ。

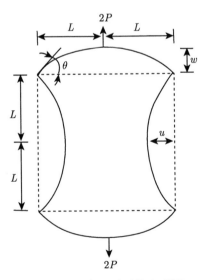

图 3.18　刚架对边受拉变形图

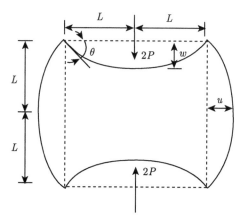

图 3.19 刚架对边受压变形图

三维刚架的几何尺寸和材料参数如图 3.20 所示。三维正方形刚架的边长为 $2L=10\mathrm{cm}$，各构件的截面尺寸 $t_1 \times t_2 = 0.5\mathrm{cm} \times 0.5\mathrm{cm}$，弹性模量 $E=1.6 \times 10^7 \mathrm{N/cm^2}$，材料为线弹性。DSEM 计算模型如图 3.21 所示，球元半径为 0.125cm，球元总数为 1368，计算时步 $\Delta t = 1.27 \times 10^{-3}\mathrm{s}$，刚架对边拉力或压力采用无量纲荷载 $PL^2/(EI)$ 衡量，数值由 1 增长到 4。

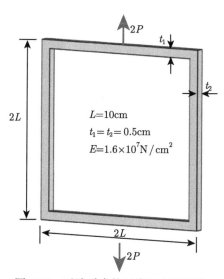

图 3.20 对边受力的三维正方形刚架

采用 DSEM 模拟的三维刚架受对边拉力和压力作用的大变形分别如图 3.22 和图 3.23 所示。这里给出了当荷载 $PL^2/(EI) = 1$、2、3 和 4 时刚架的变形图。从图中可以看出，刚架发生了大位移与大转角，当荷载 $PL^2/(EI)$ 越大，结构变形越明显。刚架在对边受拉和受压作用下的变形与 Mattiasson 的结果基本一致。

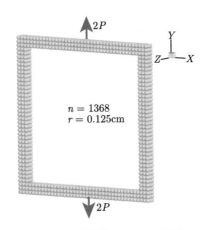

图 3.21　三维刚架 DSEM 模型

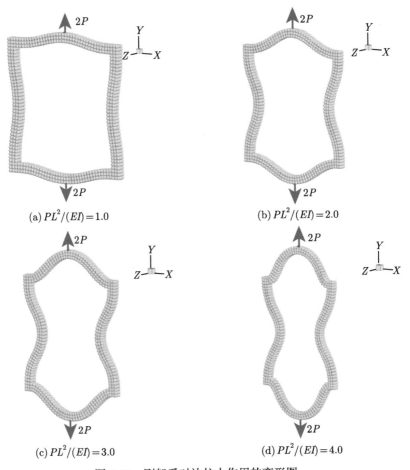

(a) $PL^2/(EI)=1.0$　　　　　　　　　　(b) $PL^2/(EI)=2.0$

(c) $PL^2/(EI)=3.0$　　　　　　　　　　(d) $PL^2/(EI)=4.0$

图 3.22　刚架受对边拉力作用的变形图

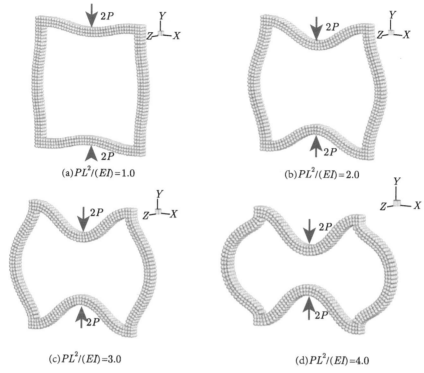

(a)$PL^2/(EI)$=1.0 (b)$PL^2/(EI)$=2.0

(c)$PL^2/(EI)$=3.0 (d)$PL^2/(EI)$=4.0

图 3.23 刚架受对边压力作用的变形图

图 3.24(a) 和 (b) 分别为三维刚架对边受拉和受压的荷载—位移曲线，并与 Mattiasson 的椭圆积分结果进行了对比，两种计算方法的曲线形状完全相同，刚架的横向位移 u、竖向位移 w 和转角 θ 吻合良好。

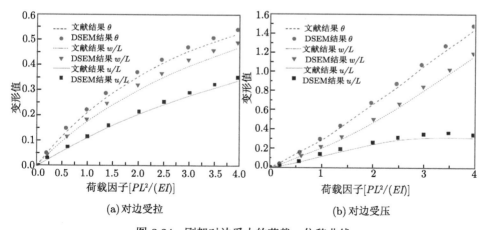

(a)对边受拉 (b)对边受压

图 3.24 刚架对边受力的荷载—位移曲线

表 3.10 和表 3.11 分别给出了刚架对边受拉和受压的变形量对比。对于刚架对边受拉情况，与文献结果对比，采用 DSEM 计算的结构转角最大误差为 4.93%，竖向位移最大误差为 6.89%，横向位移最大误差为 5.6%。对于刚架对边受压情况，DSEM 模型的转角最大误差为 4.14%，竖向位移最大误差为 7.41%，横向位移最大误差为 8.92%。采用 DSEM 计算结构的几何变形问题时，不用刻意区分结构属于小变形问题还是大变形问题，因为该方法能够自动考虑几何非线性的影响。

表 3.10　刚架对边受拉变形量对比

$PL^2/(EI)$	θ			w/L			u/L		
	文献结果	DSEM 结果	误差/%	文献结果	DSEM 结果	误差/%	文献结果	DSEM 结果	误差/%
0.2	0.051	0.052	0.798	0.045	0.046	1.104	0.031	0.032	1.598
0.5	0.142	0.149	4.930	0.116	0.117	0.868	0.071	0.075	5.619
1.0	0.213	0.223	4.709	0.179	0.185	3.364	0.111	0.117	5.406
1.5	0.277	0.289	4.349	0.233	0.249	6.892	0.155	0.161	3.882
2.0	0.356	0.372	4.503	0.304	0.322	5.931	0.206	0.216	4.855
2.5	0.410	0.422	2.935	0.355	0.368	3.393	0.243	0.255	4.933
3.0	0.457	0.471	3.070	0.397	0.421	6.051	0.279	0.291	4.298
3.5	0.493	0.509	3.253	0.435	0.459	5.528	0.310	0.324	4.512
4.0	0.524	0.542	3.437	0.468	0.490	4.703	0.338	0.352	4.142

表 3.11　刚架对边受压变形量对比

$PL^2/(EI)$	θ			w/L			u/L		
	文献结果	DSEM 结果	误差/%	文献结果	DSEM 结果	误差/%	文献结果	DSEM 结果	误差/%
0.2	0.039	0.040	0.763	0.024	0.025	0.858	0.014	0.015	0.877
0.5	0.159	0.164	3.150	0.119	0.124	4.182	0.063	0.064	1.570
1.0	0.272	0.278	2.182	0.208	0.218	4.778	0.133	0.138	3.696
1.5	0.427	0.437	2.343	0.307	0.322	4.860	0.183	0.193	5.453
2.0	0.660	0.680	3.022	0.471	0.506	7.411	0.252	0.262	3.946
2.5	0.844	0.879	4.139	0.640	0.669	4.678	0.301	0.316	4.956
3.0	1.058	1.077	1.887	0.813	0.848	4.292	0.330	0.350	6.012
3.5	1.241	1.276	2.815	0.987	1.027	4.039	0.335	0.364	8.921
4.0	1.435	1.485	3.478	1.156	1.196	3.449	0.329	0.344	4.521

3.4.4　Williams 双杆体系

如图 3.25 所示 Williams 双杆体系为几何非线性的经典分析算例。该体系由中间弯折、两头固接的梁构成，折梁中部受到竖直向下的集中荷载 P，梁跨度 $L = 657.5\text{mm}$，体系高度 $a = 9.804\text{mm}$，杆件截面为 $19.126\text{mm} \times 6.172\text{mm}$，材料性质如下：弹性模量 $E = 71018.5\text{MPa}$，泊松比 $\nu = 0.3$，材料密度 $\rho = 7850\text{kg/m}^3$。英国布里斯托大学的 F. W. Williams 教授在 1964 年首次对该体系进行考虑弯曲变形影响的弹性稳定数值推导[149]，得到了体系的完整失稳变形过程及准确的解析解，并对这一体系进行试验论证。本书采用 DSEM 对 Williams 双杆体系进行几何非线性分析,建立 DSEM 计算模型如图 3.26 所示,取球元半径 $r = 1.75\text{mm}$,球元数量 $N = 3294$,连接弹簧数量 $M = 21705$。

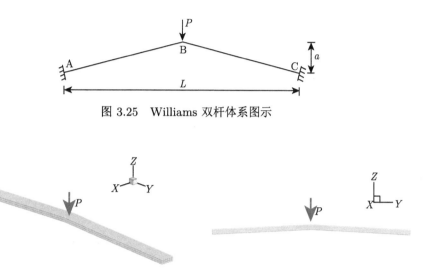

图 3.25 Williams 双杆体系图示

图 3.26 DSEM 计算模型图示

分别采用 DSEM 和 FEM 对上述体系进行计算,得到的 $P = 145\text{N}$ 时位移云图对比如图 3.27 和图 3.28 所示。

图 3.27 竖向位移云图 $(P = 145\text{N},\text{FEM})$

由位移云图对比可以看出,两种方法计算得到的竖向位移分布规律基本一致,初步验证了 DSEM 计算模型适用于模拟弹性块体的力学行为。为了进一步验证 DSEM 计算结果的准确性,沿着梁轴线上取一条路径,如图 3.29 所示,分别绘制出双杆体系受到荷载作用后沿着指定路径的竖向位移分布曲线,如图 3.30 所示。

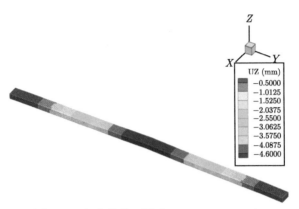

图 3.28　竖向位移云图 ($P = 145\text{N}$,DSEM)

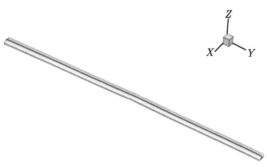

图 3.29　坐标拾取路径

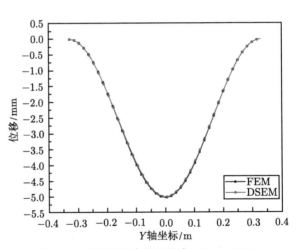

图 3.30　沿路径竖向位移分布 ($P = 145\text{N}$)

通过沿着指定路径的竖向位移分布计算结果可以看出，两条曲线可以很好地吻合。沿着路径的 z 方向位移的最大误差不超过 1%，验证了 DSEM 模型能够准确地模拟结构在受弯作用下的力学行为。

为了得到 Williams 双杆体系在受到竖向荷载作用下完整的荷载—位移曲线以进一步分析体系的几何非线性，分别采用 DSEM 力控制法和 DSEM 位移控制法对体系进行分析。采用 DSEM 位移控制法计算时，对荷载施加点 B 的位移加以控制，令 $z_B^t = z_B^0 + v \cdot t$，其中 z_B^0 为 B 点的初始位置，z_B^t 为 B 点在 t 时刻的位置，取位移加载速度为 1mm/s，计算出 B 点在每个计算时步的竖向位移后求出外力反应；采用 DSEM 力控制法计算时，取外力加载速度 $v = 1$N/s，计算出 B 点在每个计算时步的外力后求出竖向位移。将采用 DSEM 力控制法和 DSEM 位移控制法得到的荷载—位移曲线与 Williams 推导的解析解和试验结果绘制如图 3.31 所示，可以看到各曲线的结果吻合良好。

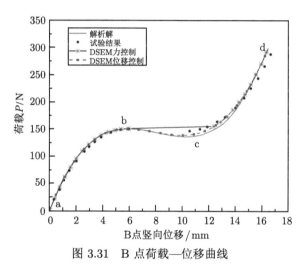

图 3.31　B 点荷载—位移曲线

由 B 点荷载—位移曲线可以看出，Williams 双杆体系在荷载达到屈曲临界值时，结构会突然发生跃越失稳，结构由原来的正拱状态突变至反拱状态，此时结构为负刚度，当荷载降低到压弯杆件转为拉弯状态时，结构的承载能力又继续提高。采用 DSEM 两种方法得到的屈曲荷载临界值与解析解和试验结果吻合良好，误差小于 1%，但采用 DSEM 力控制法计算时，追踪不到荷载—位移曲线的下降段，而采用 DSEM 位移控制法能有效追踪到体系跃越失稳的全过程，由 DSEM 计算得到的 Williams 双杆体系跃越失稳变形过程如图 3.32 所示。

3.4.5　平面门式刚架大变形

如图 3.33 所示门式刚架，体系的高度和跨度 $L = 1$m，杆件截面为 0.05m $\times$ 0.05m，材料弹性模量 $E = 8 \times 10^8$Pa，泊松比 $\nu = 0.3$，材料密度 $\rho = 7850$kg/m^3，该平面框架在 C 点和 B 点分别受到集中荷载 P 和 $0.05P$。建立平面门式刚架的

DSEM 计算模型，球元数量 $N = 6150$，连接弹簧数量 $M = 43437$，DSEM 计算模型如图 3.34 所示。

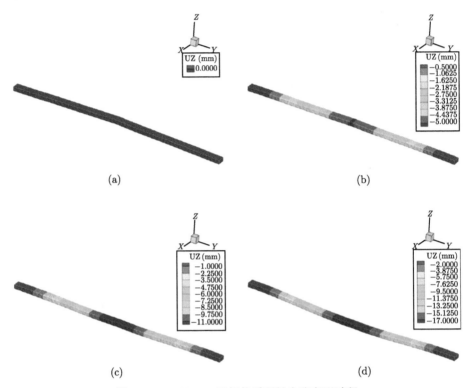

图 3.32　Williams 双杆体系跃越失稳变形过程

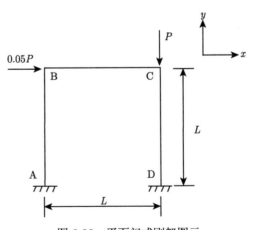

图 3.33　平面门式刚架图示

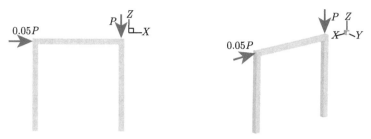

图 3.34 平面门式刚架计算模型

由算例一可知，DSEM 力控制法追踪不到荷载—位移曲线的下降段，因而本算例采用 DSEM 位移控制法计算，并将计算结果与文献 [150] 中采用梁柱理论计算得到的结果进行对比如图 3.35 和图 3.36。

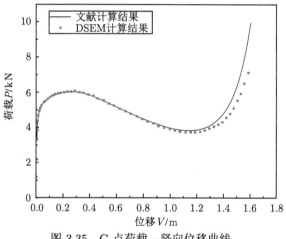

图 3.35 C 点荷载—竖向位移曲线

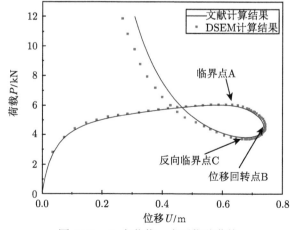

图 3.36 B 点荷载—水平位移曲线

　　由荷载—位移曲线的对比图可以看出，本书采用 DSEM 位移控制法计算得到的结果与文献采用梁柱理论计算的结果吻合良好，当荷载比较小时，两种计算方法得到的结果几乎一致，随着荷载不断增大，计算结果略有偏差，但计算误差均在 10% 以内，说明 DSEM 计算模型能够很好地模拟平面门式刚架的几何非线性大变形，采用 DSEM 计算得到的各荷载点对应的变形状态如图 3.37 所示，对应的荷载值如表 3.12 所示。

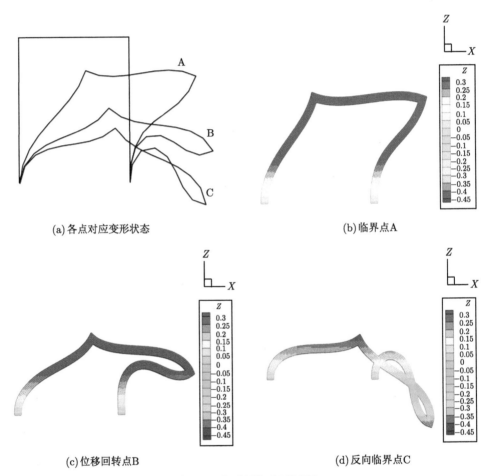

(a) 各点对应变形状态　　　　　　　　　　　　　　(b) 临界点 A

(c) 位移回转点 B　　　　　　　　　　　　　　(d) 反向临界点 C

图 3.37　门式刚架变形过程

表 3.12　门式刚架对应荷载对比

结构状态		临界点 A	位移回转点 B	反向临界点 C
荷载大小/kN	文献 [192]	6.10	4.55	3.78
	本书	6.15	4.69	3.65

3.4.6 空间刚架

如图 3.38 所示空间六角形刚架在 A 点受到集中荷载 F，B、C、D、E 和 F 六个边界结点均为滑动支座，六边形边长为 609.6mm，结构高度为 44.5mm，空间刚架的杆件截面为正方形，杆件截面面积 $A = 318.7\text{mm}^2$，材料弹性模量 $E = 3032.42\text{MPa}$，剪切模量 $G = 1096.31\text{MPa}$，泊松比 $\nu = 0.3$，材料密度 $\rho = 7850\text{kg} / \text{m}^3$。采用 DSEM 位移控制法求解结构的荷载—位移曲线，建模采用的球元数量 $N = 19156$，连接弹簧数量 $M = 127377$，得到 DSEM 计算模型如图 3.39 所示。

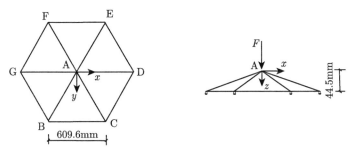

图 3.38 空间六角形刚架

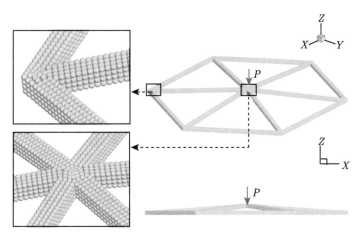

图 3.39 空间六角形刚架 DSEM 计算模型

空间六角形刚架的屈曲过程涉及几何非线性，采用 FEM 计算时需要对切线刚度矩阵不断计算和修正，并且在计算荷载—位移曲线时，也会出现许多困难：当结构外荷载接近屈曲临界值时会带来刚度矩阵奇异的问题使得求解难以进行，采用荷载增量法和位移增量法的计算结果均不理想，荷载增量法不能跨越屈曲临界值，位移增量法不能捕捉到荷载跌落[151]。为了顺利采用 FEM 模拟结构几何非线性屈曲问题，Riks[152] 于 1979 年首次提出了弧长法，计算时将荷载和位移都视作变量，首先基于荷载系数建立结构的约束方程，再通过曲线的弧长来获得荷载步长。Crisfield[153] 于 1983 年对弧长法进行改进，提出了更简洁、通用性更强的柱面弧长法。但不管采用哪种弧长法，计算时的荷载增量均由弧长增量决定，对计算人员的相关经验要求较高，若参数选取不当，同样会存在计算不收敛的困难。本书采用 DSEM 位移控制法对空间六角形刚架的失稳过程进行追踪，位移加载速率为 1mm/s，将 DSEM 位移控制法与 FEM 弧长法的计算结果进行对比，得到空间六角形刚架弹性屈曲的荷载—位移曲线如图 3.40 和表 3.13 所示，以及失稳变形过程如图 3.41 所示。

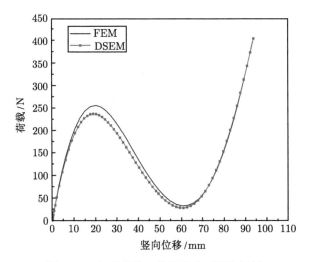

图 3.40　A 点荷载—位移曲线 (滑动支座)

表 3.13　六角形刚架屈曲荷载值 (滑动支座)

计算方法	屈曲荷载/N	误差
FEM	256.2	6.7%
DSEM	239.0	

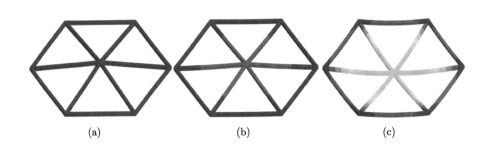

　　　　(a)　　　　　　　　　　　　(b)　　　　　　　　　　　　(c)

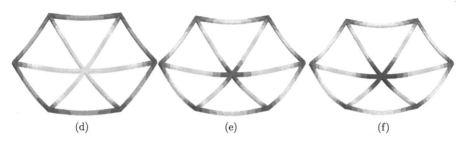

图 3.41　刚架失稳变形过程 (滑动支座)

　　改变 B、C、D、E 和 F 六个结点的边界条件为固定支座，同样得到空间六角形刚架弹性屈曲的荷载—位移曲线如图 3.42 和表 3.14，以及失稳变形过程如图 3.43 所示。

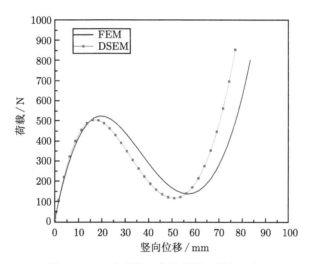

图 3.42　A 点荷载—位移曲线 (固定支座)

表 3.14　六角形刚架屈曲荷载值 (固定支座)

计算方法	屈曲荷载/N	误差
FEM	521.4	3.6%
DSEM	502.8	

　　由以上计算结果看出，空间六角形刚架在不同边界下均会发生越跃失稳，当边界条件为固定支座时的屈曲荷载为 521.4kN，明显高于边界条件为滑动支座时的 256.2kN。采用 DSEM 位移控制法计算时，不用预先假设位移模式和区分结构大小变形，整个计算过程都是基于 DSEM 的标准计算流程，不存在额外困难，能完整捕捉到刚架杆件至整体失稳的全过程，清晰展现了杆件受弯和屈曲后变形

形态，且荷载—位移曲线的计算结果与 FEM 弧长法吻合良好，两者计算误差不超过 10%，再次验证 DSEM 位移控制法对于求解几何非线性大变形问题上的适用性。

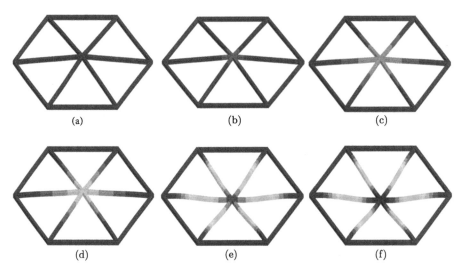

图 3.43　刚架失稳变形过程 (固定支座)

3.5　本章小结

本章采用能量守恒原理对 DSEM 的棱边弹簧组和对角线弹簧组中法向弹簧和切向弹簧的弹簧刚度进行了推导，建立了弹簧刚度系数与材料弹性模量与泊松比的关系式。通过数值算例验证了应用于计算三维连续体结构力学行为的 DSEM 基本理论和弹簧刚度的正确性，并展示了 DSEM 解决结构几何非线性和大变形的能力。本章主要结论有：

(1) 通过计算弹簧的弹性势能表示连续体的应变能，单个球元包括 6 组棱边弹簧和 12 组对角线弹簧的弹性势能，基于能量守恒原理建立了弹簧刚度与材料弹性模量和泊松比的关系式。

(2) 三维弹性块体结构的均布荷载受压分析表明了 DSEM 进行连续体结构弹性计算的有效性。

(3) 采用 DSEM 对悬臂梁受端弯矩的大变形全过程、三维刚架受对边集中拉力和压力作用下变形、Williams 双杆体系和空间刚架结构的跃越失稳、平面门式刚架大变形进行了模拟分析，计算结果与文献结果吻合良好，表明 DSEM 处理连续体结构大变形问题具有良好的能力。

第四章 离散实体单元法的弹塑性分析

4.1 引 言

结构的弹塑性分析多年来一直受到学者们的广泛关注，近几十年来不断有各种材料和不同计算方法的弹塑性研究文献的发表。分析结构弹塑性问题的关键在于如何正确建立材料的弹塑性模型，主要包括弹塑性状态的判断和结构内力的求解，以及确定与之相应的应力加卸载准则和塑性流动准则。

以 FEM 为例，弹塑性有限元分析的基本问题有两个方面，即材料本构关系的建立和非线性方程组的解法。材料本构关系通常分为两类，即增量本构关系和全量本构关系。全量理论是直接用一点的应力分量和应变分量表示的塑性本构关系，其数学表达式比较简单，认为应力和应变之间存在着一一对应关系，不考虑应力路径的影响。全量理论以 Ilyushin 的弹塑性小变形理论应用最为广泛，描述了强化材料在小变形情况下的塑性应力—应变关系，包括弹性应变部分和塑性应变部分。

增量理论又称流动理论，是描述材料在塑性状态下应力增量与应变增量之间关系的理论。在塑性变形阶段，由于塑性变形的不可逆性，使塑性区的应变不仅取决于应力状态，而且还取决于应力历史。因此，一般无法建立应变全量和应力全量的本构关系。增量理论将加载历史划分为一系列微小的增量加载过程，研究每个增量加载过程中应变增量和应力增量之间的关系，再沿加载路径依次积分应变增量得到最终的应变。增量理论能够反映应力历史的相关性，不受加载条件的限制，比全量理论应用更广，但是计算较为复杂。增量理论中的主要代表有 Levy-Mises 理论 [154] 和 Prdandtl-Reuss 理论 [155]。

为了将材料本构关系引入 FEM 中，需要将本构关系表达成适用于不同具体问题的塑性矩阵形式，进而基于最小势能原理建立增量形式的非线性有限元方程。一般采用增量迭代法用于弹塑性增量分析，迭代方式主要包括变刚度迭代法 (Newton-Raphson 方法，简称 N-R 迭代) 和常刚度迭代法 (修正的 Newton-Raphson 方法，简称 mN-R 迭代)。变刚度迭代具有良好的收敛性，允许采用较大的时间步长，但每次迭代都要重新形成和分解新的刚度矩阵。而采用常刚度迭代可以省去一些重新形成和分解刚度矩阵的步骤，但缺点是收敛速度慢，特别是在接近载荷的极限状况时，因此经常需要同时采用加速迭代的措施 [156]。

　　材料非线性有限元发展至今已相当成熟，但是为了提高分析的能力以及解的精度和效率，仍然有许多研究工作在进行。葛藤等[157]采用非线性有限元模拟了钢球和刚性平面的弹塑性碰撞。广义逆力法是基于广义逆矩阵和优化理论的 FEM，刘西拉等[158]对广义逆力法以及完整的有限元表达式进行了详细的描述，与传统的基于位移法的逐步增量法相比，该方法在解决材料非线性问题时不需要逐步求解，因此对于材料非线性问题具有计算效率高，易于并行计算等优势。杨强等[159]研究了三维弹塑性有限元计算中的不平衡力的性质，解释了不平衡力与结构稳定性的关系，可以采用弹塑性分析中的不平衡力指导结构的加固设计。Mei 等[160]结合 N-R 方法和 BFGS(Broyden Fletcher Goldfarb Shanno) 拟牛顿方法求解非线性问题的优势提出了 NR-BFGS 方法，提高了刚塑性 FEM 对金属轧制模拟的计算效率和稳定性。由于尺寸效应，传统的材料本构模型在微成形过程中不再适用，Zhang 等[161]开发了一种非局部位错密度的晶体塑形有限元模型，该模型能够正确地考虑微成形的一阶和二阶尺寸效应。

　　DEM 采用由颗粒与弹簧组成的离散网格系统对结构的复杂力学行为进行计算，与 FEM 相比，对于断裂、大变形、强材料非线性问题，DEM 具有独特的优势，该方法能够实现结构从连续体到非连续体的无缝转换。但是传统 DEM 缺乏处理连续体力学问题的理论基础，特别是材料的塑性行为，严重限制了 DEM 的发展。弹性模型不能反映材料的塑性变形，为了研究材料的塑性，必须建立塑性本构模型进行结构弹塑性分析。

　　近些年来，关于 DEM 的塑性理论一直是研究热点。各国学者对此问题展开了深入的研究。Rathbone 等[162]提出了法向弹塑性力—位移本构关系的离散元模型，实现了理想弹塑性材料的加载、卸载和重加载过程，但是该模型仅适用于结构的相对位移较小的情况。Zhang 等[163]基于晶体塑性理论建立了钛合金材料的离散元模型，引入颗粒损伤模型对钛合金的正交切削过程进行了模拟。刘连峰等[164]采用 DEM，结合接触力学理论，对自黏结、弹塑性颗粒聚合体碰撞破损的细观力学机理进行了模拟研究。Thakur 等[165]建立了三维非球形离散元模型，考虑了颗粒间的黏弹塑性接触关系，研究了石灰石粉末的流动特性。Pope 等[166]开发了应用于分析平面弹塑性应力问题的离散元程序。金峰等[167]提出了三维模态变形体离散元方法，实现结构从弹性到塑性再到断裂破坏的连续转换为非连续的全过程模拟，之后张冲等[168]将其应用于拱坝—坝肩系统的整体静动力稳定分析中。可以看到，国内外许多学者已经将 DEM 应用到各种材料的塑性行为研究中，并且提出了相应的弹塑性模型来模拟各种力学行为。

4.2 离散实体单元法分析思路

由前面分析可知，FEM 在计算材料非线性问题时，当材料进入塑性状态后，不管是采用 N-L 迭代还是 mN-R 迭代法求解非线性有限元方程组，都需要构建并求逆新的切线刚度矩阵[169]。而在 DSEM 中，材料的塑性行为仅与接触本构方程有关，反映到物理模型上即为非线性弹簧，进而计算球元间的弹塑性接触力。与 DSEM 的弹性计算相比，弹塑性接触本构方程仅改变球元间接触力的求解方式，并不影响球元运动控制方程的建立和求解，同样根据牛顿第二定律建立球元运动方程，并采用有限差分法对其求解。

采用 DSEM 进行弹塑性分析的主要思路为：在结构分析中，根据塑性屈服条件确定球元的内力状态，然后根据弹塑性接触本构方程在不同内力状态下的接触力增量计算方法求解球元的弹塑性接触力增量，最后叠加与更新球元的接触力，进而参与球元的运动计算。可以看到，DSEM 在分析塑性问题时，除了根据屈服方程判断球元间接触力的弹塑性状态，以及采用弹塑性接触本构方程计算球间的弹塑性接触力外，其他计算流程与 DSEM 的弹性计算流程相同。

另外，FEM 对结构进行动力材料非线性计算时，首先根据时间步输入动力荷载，其次将结构作为弹塑性振动体系，进而建立振动系统的求解方程，由于惯性力和阻尼力出现在平衡方程中，因此需要引入质量矩阵和阻尼矩阵，得到的求解方程不是代数方程组，而是常微分方程组，最后采用直接积分法和振型叠加法求解[170]。从建立系统的运动方程，修正质量矩阵和阻尼矩阵，到求解有限元动力方程组，可以看到 FEM 的动力分析是一项复杂的工作。发展至今，FEM 已经能够真实地计算结构在动力荷载作用下的非线性力学响应，并且基于传统的 FEM，针对动力问题，大量的改进后的 FEM 层出不穷，主要目的是提高 FEM 动力问题的计算效率，节省计算工作量。

与 FEM 相比，DSEM 的计算实质为通过计算颗粒的运动过程，实现结构在荷载作用下的动力响应。对于弹塑性问题，DSEM 只需要采用弹塑性接触本构方程计算球元的弹塑性接触力，仅改变球元接触力的计算，不影响整体计算流程。该部分内容可作为 DSEM 整体计算程序中的一个子程序进行编写，根据计算要求调用即可。

但是，建立 DSEM 用于计算连续体结构的塑性理论是非常困难的，塑性离散元模型仍是当今力学研究领域中的一个难点。目前，塑性力学已经比较完善，在塑性理论及其计算方法中，都是以应力和应变为基本物理量进行计算，并且还存在偏应力、偏应变等复杂的基本量和理论。但是 DSEM 的基本物理量是球元的位移和球元间的接触力，因此需要将 DSEM 的基本物理量与应力应变之间建立合理的联系，从而借助经典塑性力学的基本理论建立 DSEM 的塑性方程，进而编写塑性计算程序用于连续体结构的强材料非线性分析。

在第二章 DSEM 弹性模型和几何大变形分析的基础上，本章研究如何将 DSEM 应用于解决连续体结构的弹塑性问题。基于能量理论和经典塑性力学知识，在 DSEM 中建立了两种弹塑性计算模型：理想弹塑性模型和双线性等向强化模型。首先，基于能量守恒原理推导了畸变能密度系数，引入 Mises 屈服准则建立了采用球元间接触力表达的 DSEM 的屈服方程。第二，按照塑性力学增量理论将球元间位移增量分解为弹性位移增量和塑性位移增量，根据 Druck 公设和一致性条件推导了 DSEM 的理想弹塑性接触本构方程和双线性等向强化接触本构方程。第三，给出了 DSEM 增量理论的加卸载判别准则和相应的计算程序流程图。最后采用开发的 DSEM 弹塑性计算程序，对弹塑性大变形、动力屈曲和褶皱问题进行了分析，验证了两种弹塑性计算模型的有效性，展示了 DSEM 极端变形和强材料非线性计算的能力。

4.3　屈服方程的建立

根据材料强度基本理论 [171]，在外力作用下物体单位体积材料内积蓄的总能量，即应变能密度，由两部分组成。由于物体体积改变而积蓄的能量称为体积改变能密度；由于物体形状改变而积蓄的能量称为形状改变能密度，也称为畸变能密度，其计算公式可表示为 [172]

$$W = \frac{G}{3}\left[(\varepsilon_x - \varepsilon_y)^2 + (\varepsilon_x - \varepsilon_z)^2 + (\varepsilon_y - \varepsilon_z)^2 + \frac{3}{2}(\gamma_{xy}^2 + \gamma_{xz}^2 + \gamma_{yz}^2)\right] \tag{4.1}$$

式中，G 为材料的剪切模量，$G = E/[2(1+\nu)]$。

对于常见的塑性材料如钢、铜、铝等，采用畸变能密度理论判断材料是否发生屈服，畸变能密度理论即是 Mises 屈服条件的能量表达形式。这一理论认为，畸变能密度是引起材料屈服的主要因素，无论材料处于什么应力状态，只要畸变能密度 W 达到材料性质相关的极限值，材料就发生屈服。

在 DSEM 中引入畸变能密度系数用于计算材料的畸变能密度，令畸变能密度系数为 λ_n^i、$\lambda_{s_1}^i$ 和 $\lambda_{s_2}^i$，分别对应法向弹簧和切向弹簧 $k_{n_{ij}}$、$k_{s_1,ij}$ 和 $k_{s_2,ij}$。其物理意义为：近似认为引起畸变能密度的法向位移为 $u_{d,n}^i = \lambda_n^i u_n^i$，切向位移为 $u_{d,s_1}^i = \lambda_{s_1}^i u_{s_1}^i$ 和 $u_{d,s_2}^i = \lambda_{s_2}^i u_{s_2}^i$，将 DSEM 的应变能密度区分为体积改变能密度和畸变能密度，则材料的畸变能密度 W'' 可表示为

$$W'' = \frac{1}{V}\sum_{j=1}^{18}\frac{1}{4}[\lambda_n^i k_{n_{ij}}(u_{n,j}-u_{n,i})^2 + \lambda_{s_1}^i k_{s_1,ij}(u_{s_1,j}-u_{s_1,i})^2 + \lambda_{s_2}^i k_{s_2,ij}(u_{s_2,j}-u_{s_2,i})^2]$$

$$\tag{4.2}$$

将式 (3.10)~ 式 (3.12) 代入式 (4.2)，得

$$W'' = \frac{1}{4V} \sum_{n=1}^{18} \left\{ \lambda_n^i k_{n_{ij}} l_0^2 (l_1^2 l_2^2 \varepsilon_x + m_2^2 \varepsilon_y + l_2^2 m_1^2 \varepsilon_z + l_1 l_2 m_2 \gamma_{xy} \right.$$

$$+ l_1 l_2^2 m_1 \gamma_{xz} + l_2 m_1 m_2 \gamma_{yz})^2 + \lambda_{s_1}^i k_{s_1,ij} l_0^2 \Big[-l_1^2 l_2 m_2 \varepsilon_x + l_2 m_2 \varepsilon_y$$

$$- l_2 m_1^2 m_2 \varepsilon_z - (l_1 m_2^2 - l_1 l_2^2)\frac{\gamma_{xy}}{2} - l_1 l_2 m_1 m_2 \frac{\gamma_{xz}}{2} + (l_2^2 m_1 - m_1 m_2^2)\frac{\gamma_{yz}}{2} \Big]^2$$

$$+ \lambda_{s_2}^i k_{s_2,ij} l_0^2 \Big[-l_1 l_2 m_1 \varepsilon_x + l_1 l_2 m_1 \varepsilon_z - m_1 m_2 \frac{\gamma_{xy}}{2}$$

$$\left. - (l_2 m_1^2 - l_1^2 l_2)\frac{\gamma_{xz}}{2} + l_2 m_2 \frac{\gamma_{yz}}{2} \Big]^2 \right\} \tag{4.3}$$

对畸变能密度系数采用与弹簧相同的编号，即 λ_n^1、$\lambda_{s_1}^1$ 和 $\lambda_{s_2}^1$ 对应的是棱边位置的法向弹簧和切线弹簧，λ_n^2、$\lambda_{s_1}^2$ 和 $\lambda_{s_2}^2$ 对应的是面对角线位置的法向弹簧和切向弹簧。根据第三章对弹簧刚度系数的推导，DSEM 中接触本构方程的切向弹簧刚度系数相同，即 $k_s = k_{s_{1,1}} = k_{s_{2,1}} = k_{s_{1,2}} = k_{s_{2,2}}$，因此令 $\lambda_s = \lambda_{s_1}^1 = \lambda_{s_2}^1 = \lambda_{s_1}^2 = \lambda_{s_2}^2$，将畸变能密度系数、弹簧刚度系数和坐标转化矩阵系数代入式 (4.3)，整理得

$$W'' = \varepsilon_x^2 \left[\frac{1}{6r}(3\lambda_n^1 k_{n_1} + 6\lambda_n^2 k_{n_2} + 6\lambda_s k_s) \right] + \varepsilon_y^2 \left[\frac{1}{6r}(3\lambda_n^1 k_{n_1} + 6\lambda_n^2 k_{n_2} + 6\lambda_s k_s) \right]$$

$$+ \varepsilon_z^2 \left[\frac{1}{6r}(3\lambda_n^1 k_{n_1} + 6\lambda_n^2 k_{n_2} + 6\lambda_s k_s) \right] + \varepsilon_x \varepsilon_y \left[\frac{1}{6r}(3\lambda_n^2 k_{n_2} - 3\lambda_s k_s) \right]$$

$$+ \varepsilon_x \varepsilon_z \left[\frac{1}{6r}(3\lambda_n^2 k_{n_2} - 3\lambda_s k_s) \right] + \varepsilon_y \varepsilon_z \left[\frac{1}{6r}(3\lambda_n^2 k_{n_2} - 3\lambda_s k_s) \right]$$

$$+ \gamma_{xy}^2 \left[\frac{1}{12r}(6\lambda_n^2 k_{n_2} + 9\lambda_s k_s) \right] + \gamma_{xz}^2 \left[\frac{1}{12r}(6\lambda_n^2 k_{n_2} + 9\lambda_s k_s) \right]$$

$$+ \gamma_{yz}^2 \left[\frac{1}{12r}(6\lambda_n^2 k_{n_2} + 9\lambda_s k_s) \right] \tag{4.4}$$

式 (4.1) 和式 (4.4) 表示的畸变能密度相同，即 $W'' = W$，可得下列方程组：

$$\frac{1}{6r}(3\lambda_n^1 k_{n_1} + 6\lambda_n^2 k_{n_2} + 6\lambda_s k_s) = \frac{2G}{3} = \frac{E}{3(1+\nu)}$$

$$\frac{1}{6r}(3\lambda_n^2 k_{n_2} - 3\lambda_s k_s) = \frac{-2G}{3} = \frac{-E}{3(1+\nu)} \tag{4.5}$$

$$\frac{1}{12r}(6\lambda_n^2 k_{n_2} + 9\lambda_s k_s) = \frac{3}{2} \cdot \frac{G}{3} = \frac{E}{4(1+\nu)}$$

解方程组 (4.5)，得畸变能系数表达式为

$$\lambda_n^1 = \frac{-(2\nu - 1)}{3(\nu + 1)}, \quad \lambda_n^2 = \frac{2\nu - 1}{2(\nu + 1)}, \quad \lambda_s = \frac{7(2\nu - 1)}{6(4\nu - 1)} \tag{4.6}$$

式中，ν 为材料泊松比。

引入 Mises 屈服条件：

$$f = W'' - \frac{\sigma_s^2}{6G} = 0 \tag{4.7}$$

式中，σ_s 为材料单向拉伸下的屈服应力。

将式 (4.6) 代入式 (4.2)，根据 Mises 屈服准则 (4.7)，DSEM 的屈服方程可表示为

$$\begin{aligned}
W'' &= \frac{1}{4V}\Big[6k_{n_1}\lambda_n^1(\Delta u_{n_1})^2 + 6k_{s_{1,1}}\lambda_s(\Delta u_{s_1}^1)^2 + 6k_{s_{2,1}}\lambda_s(\Delta u_{s_2}^1)^2 \\
&\quad + 12k_{n_2}\lambda_n^2(\Delta u_{n_2})^2 + 12k_{s_{1,2}}\lambda_s(\Delta u_{s_1}^2)^2 + 12k_{s_{2,2}}\lambda_s(\Delta u_{s_2}^2)^2\Big] \\
&= \frac{4V\sigma_s^2}{36G}
\end{aligned} \tag{4.8}$$

对式 (4.8) 进行整理，采用球元内力表示的 DSEM 的屈服方程为

$$\begin{aligned}
&\phi(F_{n_1}, F_{s_{1,1}}, F_{s_{2,1}}, F_{n_2}, F_{s_{1,2}}, F_{s_{2,2}}) \\
&= \frac{(F_{n_1})^2\lambda_n^1}{k_{n_1}} + \frac{(F_{s_{1,1}})^2\lambda_s}{k_{s_{1,1}}} + \frac{(F_{s_{2,1}})^2\lambda_s}{k_{s_{2,1}}} \\
&\quad + \frac{2(F_{n_2})^2\lambda_n^2}{k_{n_2}} + \frac{2(F_{s_{1,2}})^2\lambda_s}{k_{s_{1,2}}} + \frac{2(F_{s_{2,2}})^2\lambda_s}{k_{s_{2,2}}} - \frac{4V\sigma_s^2}{36G}
\end{aligned} \tag{4.9}$$

式中，k_{n_1}、$k_{s_{1,1}}$ 和 $k_{s_{2,1}}$ 为棱边弹簧组的法向和切向弹簧刚度，对应的球元间法向和切向接触力为 F_{n_1}、$F_{s_{1,1}}$ 和 $F_{s_{2,1}}$，相应的球元间相对法向和切向位移为 Δu_{n_1}、$\Delta u_{s_{1,1}}$ 和 $\Delta u_{s_{2,1}}$，k_{n_2}、$k_{s_{1,2}}$ 和 $k_{s_{2,2}}$ 为对角线弹簧组的法向和切向弹簧刚度，对应的球元间法向和切向接触力为 F_{n_2}、$F_{s_{1,2}}$ 和 $F_{s_{2,2}}$，相应的球元间相对法向和切向位移为 Δu_{n_2}、$\Delta u_{s_{1,2}}$ 和 $\Delta u_{s_{2,2}}$，$F_{n_1} = k_{n_1}\Delta u_{n_1}$、$F_{s_{1,1}} = k_{s_{1,1}}\Delta u_{s_{1,1}}$、$F_{s_{2,1}} = k_{s_{2,1}}\Delta u_{s_{2,1}}$、$F_{n_2} = k_{n_2}\Delta u_{n_2}$、$F_{s_{1,2}} = k_{s_{1,2}}\Delta u_{s_{1,2}}$ 和 $F_{s_{2,2}} = k_{s_{2,2}}\Delta u_{s_{2,2}}$。

4.4 离散实体单元法理想弹塑性本构模型

4.4.1 流动准则

当材料进入塑性状态时，本书采用塑性增量理论，将球元间的位移增量分解为弹性位移增量 Δu^e 和塑性位移增量 Δu^p。根据 Druck 公设，塑性位移增量必

须沿着加载面的外法线方向，塑性位移增量方向与屈服面正交，如图 4.1 所示。基于 Druck 公设可建立塑性位移增量与屈服面之间的关系，即正交流动法则。设当前的内力状态为 F_{ij}，位于加载面上的 A 点，材料处于加载状态，将产生塑性位移增量 Δu_{ij}^p，由于 $\partial\phi/\partial F_{ij}$ 代表加载面的外法线方法，则 DSEM 中球元间的塑性位移增量可表示为

$$
\begin{bmatrix}
\Delta u_{n_1}^p \\
\Delta u_{s_{1,1}}^p \\
\Delta u_{s_{2,1}}^p \\
\Delta u_{n_2}^p \\
\Delta u_{s_{1,2}}^p \\
\Delta u_{s_{2,2}}^p
\end{bmatrix}
= \mathrm{d}\lambda
\begin{bmatrix}
\dfrac{\partial\phi}{\partial F_{n_1}} \\[2mm]
\dfrac{\partial\phi}{\partial F_{s_{1,1}}} \\[2mm]
\dfrac{\partial\phi}{\partial F_{s_{2,1}}} \\[2mm]
\dfrac{\partial\phi}{\partial F_{n_2}} \\[2mm]
\dfrac{\partial\phi}{\partial F_{s_{1,2}}} \\[2mm]
\dfrac{\partial\phi}{\partial F_{s_{2,2}}}
\end{bmatrix}
\tag{4.10}
$$

式中，$\mathrm{d}\lambda$ 为塑性比例系数，$\Delta u_{n_1}^p$、$\Delta u_{s_{1,1}}^p$、$\Delta u_{s_{2,1}}^p$、$\Delta u_{n_2}^p$、$\Delta u_{s_{1,2}}^p$ 和 $\Delta u_{s_{2,2}}^p$ 为塑性位移增量，$\phi(F_{n_1}, F_{s_{1,1}}, F_{s_{2,1}}, F_{n_2}, F_{s_{1,2}}, F_{s_{2,2}})$ 为屈服函数。

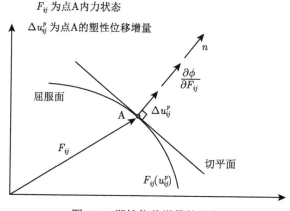

图 4.1 塑性位移增量的方向

当材料进入塑性状态时，DSEM 中球元间的接触力与位移关系式可表示为

$$
\Delta F_{n_1} = k_{n_1}\left(\Delta u_{n_1} - \mathrm{d}\lambda\frac{\partial\phi}{\partial F_{n_1}}\right)
$$

$$\Delta F_{s_{1,1}} = k_{s_{1,1}} \left(\Delta u_{s_{1,1}} - \mathrm{d}\lambda \frac{\partial \phi}{\partial F_{s_{1,1}}} \right)$$

$$\Delta F_{s_{2,1}} = k_{s_{2,1}} \left(\Delta u_{s_{2,1}} - \mathrm{d}\lambda \frac{\partial \phi}{\partial F_{s_{2,1}}} \right)$$

$$\Delta F_{n_2} = k_{n_2} \left(\Delta u_{n_2} - \mathrm{d}\lambda \frac{\partial \phi}{\partial F_{n_2}} \right) \tag{4.11}$$

$$\Delta F_{s_{1,2}} = k_{s_{1,2}} \left(\Delta u_{s_{1,2}} - \mathrm{d}\lambda \frac{\partial \phi}{\partial F_{s_{1,2}}} \right)$$

$$\Delta F_{s_{2,2}} = k_{s_{2,2}} \left(\Delta u_{s_{2,2}} - \mathrm{d}\lambda \frac{\partial \phi}{\partial F_{s_{2,2}}} \right)$$

4.4.2　弹塑性接触本构方程

　　根据一致性条件，内力状态点始终都不能位于加载面之外，加载过程中内力点始终保持在不断更新的加载面上。当内力状态从加载面上向加载面外变化时，将产生新的塑性变形，引起内变量 F_{ij} 的增加，此时，加载面随之改变，使得更新的内力状态点处于更新的加载面上。如图 4.2 所示，在某一时刻，内力状态点 A 位于加载面 $\phi(F_{ij}) = 0$ 上，施加指向加载面外的内力增量 ΔF_{ij}，内变量相应地增加为 $(F_{ij} + \Delta F_{ij})$，内力状态 $(F_{ij} + \Delta F_{ij})$ 处于更新的加载面 $\phi(F_{ij} + \Delta F_{ij}) = 0$ 上，将其使用 Talyor 级数展开，略去高阶项，可得如下结果：

$$\frac{\partial \phi}{\partial F_{n_1}} \Delta F_{n_1} + \frac{\partial \phi}{\partial F_{s_{1,1}}} \Delta F_{s_{1,1}} + \frac{\partial \phi}{\partial F_{s_{2,1}}} \Delta F_{s_{2,1}} + \frac{\partial \phi}{\partial F_{n_2}} \Delta F_{n_2}$$

$$+ \frac{\partial \phi}{\partial F_{s_{1,2}}} \Delta F_{s_{1,2}} + \frac{\partial \phi}{\partial F_{s_{2,2}}} \Delta F_{s_{2,2}} = 0 \tag{4.12}$$

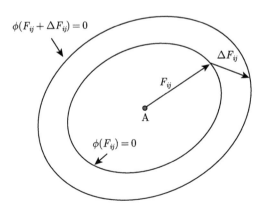

图 4.2　加载面演化与一致性条件

将式 (4.11) 代入式 (4.12)，整理得塑性比例系数 $\mathrm{d}\lambda$：

$$\mathrm{d}\lambda = \cfrac{\begin{aligned}&\Delta u_{n_1} k_{n_1} \frac{\partial \phi}{\partial F_{n_1}} + \Delta u_{s_{1,1}} k_{s_{1,1}} \frac{\partial \phi}{\partial F_{s_{1,1}}} + \Delta u_{s_{2,1}} k_{s_{2,1}} \frac{\partial \phi}{\partial F_{s_{2,1}}} \\ &+ \Delta u_{n_2} k_{n_2} \frac{\partial \phi}{\partial F_{n_2}} + \Delta u_{s_{1,2}} k_{s_{1,2}} \frac{\partial \phi}{\partial F_{s_{1,2}}} + \Delta u_{s_{2,2}} k_{s_{2,2}} \frac{\partial \phi}{\partial F_{s_{2,2}}}\end{aligned}}{\begin{aligned}&k_{n_1}\left(\frac{\partial \phi}{\partial F_{n_1}}\right)^2 + k_{s_{1,1}}\left(\frac{\partial \phi}{\partial F_{s_{1,1}}}\right)^2 + k_{s_{2,1}}\left(\frac{\partial \phi}{\partial F_{s_{2,1}}}\right)^2 \\ &+ k_{n_2}\left(\frac{\partial \phi}{\partial F_{n_2}}\right)^2 + k_{s_{1,2}}\left(\frac{\partial \phi}{\partial F_{s_{1,2}}}\right)^2 + k_{s_{2,2}}\left(\frac{\partial \phi}{\partial F_{s_{2,2}}}\right)^2\end{aligned}} \tag{4.13}$$

则 DSEM 中理想弹塑性材料的接触本构方程为

$$\begin{bmatrix} \Delta F_{n_1} \\ \Delta F_{s_{1,1}} \\ \Delta F_{s_{2,1}} \\ \Delta F_{n_2} \\ \Delta F_{s_{1,2}} \\ \Delta F_{s_{2,2}} \end{bmatrix} = \boldsymbol{K}\left(\begin{bmatrix} \Delta u_{n_1} \\ \Delta u_{s_{1,1}} \\ \Delta u_{s_{2,1}} \\ \Delta u_{n_2} \\ \Delta u_{s_{1,2}} \\ \Delta u_{s_{2,2}} \end{bmatrix} - \mathrm{d}\lambda \begin{bmatrix} \dfrac{\partial \phi}{\partial F_{n_1}} \\[2mm] \dfrac{\partial \phi}{\partial F_{s_{1,1}}} \\[2mm] \dfrac{\partial \phi}{\partial F_{s_{2,1}}} \\[2mm] \dfrac{\partial \phi}{\partial F_{n_2}} \\[2mm] \dfrac{\partial \phi}{\partial F_{s_{1,2}}} \\[2mm] \dfrac{\partial \phi}{\partial F_{s_{2,2}}} \end{bmatrix} \right), \quad \mathrm{d}\lambda = \begin{cases} 0, & \text{弹性} \\ 0, & \text{卸载} \\ \text{式}(4.13), & \text{加载} \end{cases}$$

$$\tag{4.14}$$

式中，$\boldsymbol{K} = \mathrm{diag}(k_{n_1}, k_{s_{1,1}}, k_{s_{2,1}}, k_{n_2}, k_{s_{1,2}}, k_{s_{2,2}})$ 为弹簧刚度系数。

4.4.3 接触力增量计算流程

图 4.3 为理想弹塑性材料的本构模型。在计算过程中根据加卸载状态的不同将本构模型分为三个阶段：①弹性加卸载阶段；②塑性加载阶段；③塑性卸载阶段。

1) 弹性加卸载阶段

弹性阶段为图 4.3 中的 OA 段。材料在此阶段的加载和卸载均满足胡克定律，$\boldsymbol{K} = \mathrm{diag}(k_{n_1}, k_{s_{1,1}}, k_{s_{2,1}}, k_{n_2}, k_{s_{1,2}}, k_{s_{2,2}})$，DSEM 中球元间接触力与相对位移的关系可表示为

$$\Delta \boldsymbol{S} = \boldsymbol{K} \Delta \boldsymbol{U} \tag{4.15}$$

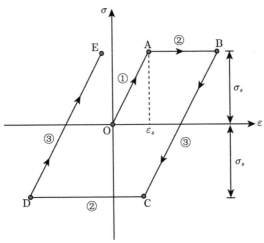

图 4.3　理想弹塑性模型

式中, $\Delta S = [\Delta F_{n_1}, \Delta F_{s_{1,1}}, \Delta F_{s_{2,1}}, \Delta F_{n_2}, \Delta F_{s_{1,2}}, \Delta F_{s_{2,2}}]^{\mathrm{T}}$ 为球元间接触力; $\Delta U = [\Delta u_{n_1}, \Delta u_{s_{1,1}}, \Delta u_{s_{2,1}}, \Delta u_{n_2}, \Delta u_{s_{1,2}}, \Delta u_{s_{2,2}}]^{\mathrm{T}}$ 为球元间相对位移。

2) 塑性加载阶段

材料在图 4.3 中 AB 段或 CD 段进行的加载为塑性加载阶段。球元间接触力与相对位移关系为弹塑性接触本构方程:

$$\Delta S = K(\Delta U - \mathrm{d}\lambda \cdot \boldsymbol{\varPhi}) \tag{4.16}$$

式中, $\mathrm{d}\lambda = \dfrac{\boldsymbol{\varPhi}^{\mathrm{T}} K \Delta U}{\boldsymbol{\varPhi}^{\mathrm{T}} K \boldsymbol{\varPhi}}$, $\boldsymbol{\varPhi} = \left[\dfrac{\partial \phi}{\partial F_{n_1}}, \dfrac{\partial \phi}{\partial F_{s_{1,1}}}, \dfrac{\partial \phi}{\partial F_{s_{2,1}}}, \dfrac{\partial \phi}{\partial F_{n_2}}, \dfrac{\partial \phi}{\partial F_{s_{1,2}}}, \dfrac{\partial \phi}{\partial F_{s_{2,2}}}\right]^{\mathrm{T}}$。

3) 塑性卸载阶段

材料在图 4.3 所示的 B 点和 D 点进行卸载为塑性卸载阶段。在塑性卸载阶段发生后, 材料按照弹性规律进行卸载, 材料进入 BC 或 DE 弹性阶段。若在 BC 段或 DE 段再次加载重新进入塑性, 球元间接触力增量仍按弹塑性接触本构方程 (4.16) 进行计算。

4.4.4　加卸载准则

理想弹塑性材料的加载、卸载准则为

$$\begin{cases} \phi(F_{ij}) < 0, & \text{弹性状态} \\ \phi(F_{ij}) = 0, & \mathrm{d}\phi(F_{ij}) = 0, & \text{加载状态} \\ \phi(F_{ij}) = 0, & \mathrm{d}\phi(F_{ij}) < 0, & \text{卸载状态} \end{cases} \tag{4.17}$$

式中, $\phi(F_{ij}) = \phi(F_{n_1}, F_{s_{1,1}}, F_{s_{1,2}}, F_{n_2}, F_{s_{2,1}}, F_{s_{2,2}})$ 为屈服条件。

基于理想弹塑性材料不同状态下接触力增量的计算和加卸载准则，在 DSEM 计算程序中，为了判断材料的弹塑性状态，设置了 Flag 标志对不同阶段的接触力状态进行判断，从而计算球元间的弹塑性接触力，如图 4.4 所示。

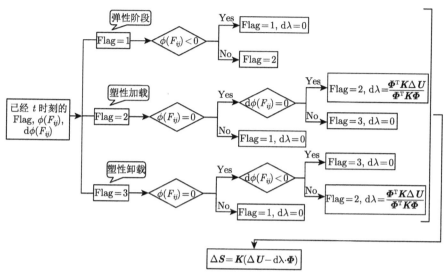

图 4.4　理想弹塑性模型的计算程序流程图

(1) 当 Flag=1 时，则材料处于弹性阶段，弹簧的本构关系为弹性模型，球元间接触力增量根据式 (4.15) 计算。若 $\phi(F_{ij}) < 0$，Flag 数值不变。若 $\phi(F_{ij}) = 0$，说明材料从弹性阶段加载到塑性阶段，此时令 Flag=2。

(2) 当 Flag=2 时，则材料处于塑性阶段。若 $\phi(F_{ij}) = 0$ 且 $d\phi(F_{ij}) = 0$，说明材料处于塑性加载阶段，此时 Flag 数值不变。塑性比例系数根据式 (4.13) 计算，弹簧的本构关系为塑性模型，球元间的塑性接触力根据式 (4.16) 计算。若 $\phi(F_{ij}) = 0$ 且 $d\phi(F_{ij}) < 0$，说明材料处于塑性卸载阶段，此时令 Flag=3。

(3) 当 Flag=3 时，则材料处于塑性卸载阶段，弹簧的本构关系为弹性模型，材料为卸载后的弹性阶段，球元间接触力根据式 (4.15) 计算。若 $\phi(F_{ij}) = 0$ 且 $d\phi(F_{ij}) < 0$，Flag 数值不变。若 $\phi(F_{ij}) = 0$ 且 $d\phi(F_{ij}) = 0$，说明材料重新进入塑性加载阶段，此时令 Flag=2。

4.5　离散实体单元法双线性等向强化弹塑性本构模型

4.5.1　弹塑性接触本构方程

前面推导的是理想弹塑性材料的屈服方程，当材料为双线性等向强化的弹塑性材料时，后继屈服函数可表示为

$$\phi(F_{n_1}, F_{s_{1,1}}, F_{s_{1,2}}, F_{n_2}, F_{s_{2,1}}, F_{s_{2,2}}) - \psi\left(\int \Delta W_p\right) = 0 \tag{4.18}$$

式中，$\psi\left(\int \Delta W_p\right)$ 为硬化函数，ΔW_p 为塑性功增量。

$$\Delta W_p = F_{n_1}\Delta u_{n_1}^p + F_{s_{1,1}}\Delta u_{s_{1,1}}^p + F_{s_{2,1}}\Delta u_{s_{2,1}}^p + F_{n_2}\Delta u_{n_2}^p$$
$$+ F_{s_{1,2}}\Delta u_{s_{1,2}}^p + F_{s_{2,2}}\Delta u_{s_{2,2}}^p \tag{4.19}$$

将式 (4.18) 使用 Talyor 级数展开，略去高阶项，得到加载过程中接触力增量的关系式为

$$\frac{\partial\phi}{\partial F_{n_1}}\Delta F_{n_1} + \frac{\partial\phi}{\partial F_{s_{1,1}}}\Delta F_{s_{1,1}} + \frac{\partial\phi}{\partial F_{s_{2,1}}}\Delta F_{s_{2,1}} + \frac{\partial\phi}{\partial F_{n_2}}\Delta F_{n_2}$$
$$+ \frac{\partial\phi}{\partial F_{s_{1,2}}}\Delta F_{s_{1,2}} + \frac{\partial\phi}{\partial F_{s_{2,2}}}\Delta F_{s_{2,2}} - \psi'(F_{n_1}\Delta u_{n_1}^p, + F_{s_{1,1}}\Delta u_{s_{1,1}}^p$$
$$+ F_{s_{1,2}}\Delta u_{s_{2,1}}^p + F_{n_2}\Delta u_{n_2}^p + F_{s_{1,2}}\Delta u_{s_{1,2}}^p + F_{s_{2,2}}\Delta u_{s_{2,2}}^p) = 0 \tag{4.20}$$

将式 (4.10) 和式 (4.11) 代入式 (4.20)，则对于双线性等向强化材料的塑性比例系数可表示为

$$d\lambda = \cfrac{\begin{aligned}&\Delta u_{n_1}k_{n_1}\frac{\partial\phi}{\partial F_{n_1}} + \Delta u_{s_{1,1}}k_{s_{1,1}}\frac{\partial\phi}{\partial F_{s_{1,1}}} + \Delta u_{s_{2,1}}k_{s_{2,1}}\frac{\partial\phi}{\partial F_{s_{2,1}}}\\&\quad + \Delta u_{n_2}k_{n_2}\frac{\partial\phi}{\partial F_{n_2}} + \Delta u_{s_{1,2}}k_{s_{1,2}}\frac{\partial\phi}{\partial F_{s_{1,2}}} + \Delta u_{s_{2,2}}k_{s_{2,2}}\frac{\partial\phi}{\partial F_{s_{2,2}}}\end{aligned}}{\begin{aligned}&\frac{\partial\phi}{\partial F_{n_1}}\left(k_{n_1}\frac{\partial\phi}{\partial F_{n_1}} + \psi'F_{n_1}\right) + \frac{\partial\phi}{\partial F_{s_{1,1}}}\left(k_{s_{1,1}}\frac{\partial\phi}{\partial F_{s_{1,1}}} + \psi'F_{s_{1,1}}\right)\\&+ \frac{\partial\phi}{\partial F_{s_{2,1}}}\left(k_{s_{2,1}}\frac{\partial\phi}{\partial F_{s_{2,1}}} + \psi'F_{s_{2,1}}\right) + \frac{\partial\phi}{\partial F_{n_2}}\left(k_{n_2}\frac{\partial\phi}{\partial F_{n_2}} + \psi'F_{n_2}\right)\\&+ \frac{\partial\phi}{\partial F_{s_{1,2}}}\left(k_{s_{1,2}}\frac{\partial\phi}{\partial F_{s_{1,2}}} + \psi'F_{s_{1,2}}\right) + \frac{\partial\phi}{\partial F_{s_{2,2}}}\left(k_{s_{2,2}}\frac{\partial\phi}{\partial F_{s_{2,2}}} + \psi'F_{s_{2,2}}\right)\end{aligned}} \tag{4.21}$$

式中，$\psi' = \dfrac{EE_t}{E - E_t}$，$E_t$ 为塑性阶段的切线模量。

DSEM 中双线性等向强化材料的接触本构方程与理想弹塑性材料的接触本构方程 (4.14) 形式相同，但是需要采用后继屈服条件 (4.18) 与式 (4.21) 计算塑性比例系数 $d\lambda$，可表示为

$$
\begin{bmatrix} \Delta F_{n_1} \\ \Delta F_{s_{1,1}} \\ \Delta F_{s_{2,1}} \\ \Delta F_{n_2} \\ \Delta F_{s_{1,2}} \\ \Delta F_{s_{2,2}} \end{bmatrix} = \boldsymbol{K} \begin{bmatrix} \Delta u_{n_1} \\ \Delta u_{s_{1,1}} \\ \Delta u_{s_{2,1}} \\ \Delta u_{n_2} \\ \Delta u_{s_{1,2}} \\ \Delta u_{s_{2,2}} \end{bmatrix} - \mathrm{d}\lambda \left(\begin{bmatrix} \dfrac{\partial f(F_{ij}, W_p)}{\partial F_{n_1}} \\ \dfrac{\partial f(F_{ij}, W_p)}{\partial F_{s_{1,1}}} \\ \dfrac{\partial f(F_{ij}, W_p)}{\partial F_{s_{2,1}}} \\ \dfrac{\partial f(F_{ij}, W_p)}{\partial F_{n_2}} \\ \dfrac{\partial f(F_{ij}, W_p)}{\partial F_{s_{1,2}}} \\ \dfrac{\partial f(F_{ij}, W_p)}{\partial F_{s_{2,2}}} \end{bmatrix} \right), \mathrm{d}\lambda = \begin{cases} 0, & \text{弹性} \\ 0, & \text{卸载} \\ \text{式}(4.21), & \text{加载} \end{cases}
$$

$$(4.22)$$

式中, $f(F_{ij}, W_p) = \phi(F_{n_1}, F_{s_{1,1}}, F_{s_{1,2}}, F_{n_2}, F_{s_{2,1}}, F_{s_{2,2}}) - \psi\left(\displaystyle\int \Delta W_p\right)$ 为后继屈服条件。

4.5.2 接触力增量计算流程与加卸载准则

图 4.5 为双线性等向强化材料的本构模型。接触力增量计算过程与理想弹塑性材料基本相同, 同样将双线性等向强化本构模型分为三个阶段: OA 段为弹性阶段, AB 段和 CD 段为塑性加载阶段, BC 段和 DE 段为塑性卸载阶段。各阶段的接触力增量计算公式与 DSEM 的理想弹塑性模型类似。区别在于当材料处于塑性加载阶段时, 采用后继屈服方程计算球元间的接触力, 并且 DSEM 的双线性等向强化弹塑性接触本构方程中的塑性比例系数根据式 (4.21) 确定, 塑性加载的阶段球元间接触力与相对位移关系可表示为

$$\Delta \boldsymbol{S} = \boldsymbol{K}(\Delta \boldsymbol{U} - \mathrm{d}\lambda \cdot \boldsymbol{f}) \tag{4.23}$$

式中, $\boldsymbol{f} = \left[\dfrac{\partial f(F_{ij}, W_p)}{\partial F_{n_1}}, \dfrac{\partial f(F_{ij}, W_p)}{\partial F_{s_{1,1}}}, \dfrac{\partial f(F_{ij}, W_p)}{\partial F_{s_{2,1}}}, \dfrac{\partial f(F_{ij}, W_p)}{\partial F_{n_2}}, \dfrac{\partial f(F_{ij}, W_p)}{\partial F_{s_{1,2}}}, \right.$ $\left. \dfrac{\partial f(F_{ij}, W_p)}{\partial F_{s_{2,2}}} \right]^{\mathrm{T}}$, $\mathrm{d}\lambda = \dfrac{\boldsymbol{f}^{\mathrm{T}} \boldsymbol{K} \Delta \boldsymbol{U}}{\boldsymbol{f}^{\mathrm{T}} \boldsymbol{K} \boldsymbol{f}}$。

双线性等向强化材料的加载、卸载准则为

$$
\begin{cases} f(F_{ij}, W_p) < 0, & \text{弹性状态} \\ f(F_{ij}, W_p) = 0, & \mathrm{d}\phi(F_{ij}) \geqslant 0, \quad \text{加载状态} \\ f(F_{ij}, W_p) = 0, & \mathrm{d}\phi(F_{ij}) < 0, \quad \text{卸载状态} \end{cases} \tag{4.24}
$$

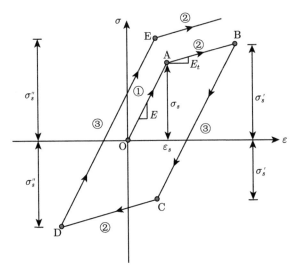

图 4.5　双线性等向强化模型

双线性等向强化模型的计算程序流程图如图 4.6 所示。基本流程与理想弹塑性材料的加卸载过程相同，在计算程序中同样设置 Flag=1 表示材料弹性阶段，Flag=2 表示材料塑性加载阶段，Flag=3 表示塑性卸载阶段。与理想弹塑性材料计算流程相比，双线性等向强化材料需要采用后继屈服条件进行弹塑性状态的判断，加卸载准则不同。

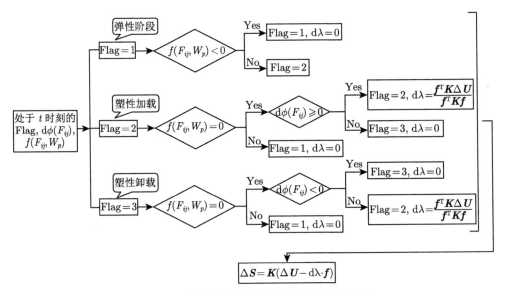

图 4.6　双线性等向强化模型的计算程序流程图

(1) 当 Flag=1 时，材料处于弹性阶段，球元间接触力与相对位移关系为弹性本构。接触力增量按照弹性接触本构方程 (4.15) 计算。若 $f(F_{ij}, W_p) < 0$，Flag 数值不变。若 $f(F_{ij}, W_p) = 0$，材料从弹性阶段进入塑性阶段，此时令 Flag=2。

(2) 当 Flag=2 时，材料处于塑性阶段。若 $f(F_{ij}, W_p) = 0$ 且 $\mathrm{d}\phi(F_{ij}) \geqslant 0$，表明材料进入塑性加载阶段，塑性比例系数根据式 (4.22) 计算，球元间接触力与相对位移关系为塑性接触本构 (4.23)。若 $f(F_{ij}, W_p) < 0$，Flag 数值不变。若 $f(F_{ij}, W_p) = 0$ 且 $\mathrm{d}\phi(F_{ij}) < 0$，表明材料进入塑性卸载阶段，此时令 Flag=3。

(3) 当 Flag=3 时，材料处于塑性卸载阶段，球元间接触力与相对位移为弹性本构方程 (4.15)。若 $f(F_{ij}, W_p) = 0$ 且 $\mathrm{d}\phi(F_{ij}) < 0$，Flag 数值不变。若 $f(F_{ij}, W_p) = 0$ 且 $\mathrm{d}\phi(F_{ij}) \geqslant 0$，表明材料重新进入塑性加载阶段，此时令 Flag=2。

4.6 弹塑性大变形算例分析与验证

根据上述推导的理想弹塑性材料和双线性等向强化材料的弹塑性接触本构方程，加卸载准则以及相应的计算程序流程，采用 Fortran 语言开发了三维 DSEM 的塑性计算程序。本节通过弹塑性大变形数值算例的分析，并与文献或试验结果对比，验证 DSEM 弹塑性计算的正确性，展示本书方法解决连续体结构褶皱、动力屈曲等强材料非线性问题的能力。

4.6.1 方钢管受轴向动力荷载的弹塑性大变形分析

本算例为方钢管受轴向动力荷载的弹塑性大变形分析，目的为考察 DSEM 计算连续体结构强非线性问题的能力。方钢管的几何尺寸如图 4.7 所示。钢管长为 0.3m，截面宽为 0.048m，钢管壁厚 h=0.004m。方钢管一端固定，另一端施加轴向动力荷载，荷载的初速度 v_0=10m/s。材料属性分别为：弹性模量 E=206GPa，密度 ρ=7850kg/m^3，屈服应力 σ_y=235MPa，泊松比 ν=0.3，材料本构为理想弹塑性模型。在 DSEM 计算模型中，球元的尺寸 r=0.002m，模型中球元总数为 6688，计算时步 Δt=0.5×10^{-5}s。在轴向动力荷载作用下，方钢管将产生正弦波形式的皱屈变形，进而进入后屈曲状态并逐渐形成若干褶皱。

图 4.8 给出了方钢管在轴向动力荷载作用下屈曲全过程中典型变形图，以便更加直观地观察方钢管动力屈曲过程的发展情况。在给定的长细比、约束条件和截面尺寸条件下，方钢管沿其长度方向首先在每侧管壁发生双向波状屈曲，每个方向呈一个或多个半波，与轴心受压构件的稳定理论一致。在方钢管底部出现第一层局部外凸波形褶皱，之后褶皱向方钢管底部扩展，依次形成第二和第三层褶皱，数量逐渐增多。Paik[173] 和 Nikkhah[174] 分别对铝合金和碳素钢材质的方管在轴向动力荷载下的屈曲行为进行了试验研究和扩展有限元模拟，所得结果与本书 DSEM 模拟结果一致。

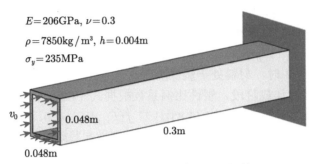

$E = 206\text{GPa},\ \nu = 0.3$

$\rho = 7850\text{kg} / \text{m}^3,\ h = 0.004\text{m}$

$\sigma_y = 235\text{MPa}$

图 4.7　受轴向动力荷载作用的方钢管

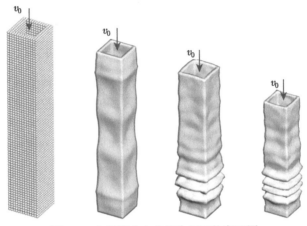

图 4.8　方钢管动力荷载作用下的变形图

图 4.9 为方钢管在轴向动力荷载作用下的荷载—位移曲线。可以看到曲线的变化分为两个阶段，第一个阶段为方钢管的初始屈曲阶段。方钢管受到动力荷载作用的初始阶段内，受到的作用力迅速增加并达到初始荷载峰值 $F_{\max}$，之后方钢管进入后屈曲状态。第二个阶段为方钢管的后屈曲阶段。方钢管受到的作用力达到初始峰值后迅速下降并进入作用力不稳定阶段，形成了一系列方钢管后屈曲阶段的荷载峰值，期间伴随着方钢管多层褶皱的形成。

DSEM 的模拟结果在方钢管初始屈曲阶段与文献结果吻合良好，荷载—位移曲线的趋势一致，DSEM 的最大初始荷载结果为 173.38kN，文献结果为 177.16kN，两者误差为 2.13%。而在方钢管后屈曲阶段，DSEM 的计算结果与文献结果存在明显差异。结构受到动力荷载后的能量吸收 (Energy Absorption，EA) 计算公式为

$$EA = \int_0^{\delta_i} F(\delta_i) \mathrm{d}\delta_i \tag{4.25}$$

式中，$F(\delta_i)$ 为当构件的轴向位移为 δ_i 的瞬时轴向作用力。

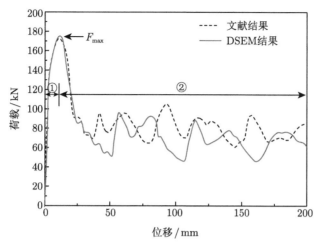

图 4.9 方钢管荷载—位移曲线

根据式 (4.25)，得到了方钢管在轴向动力荷载作用下的能量吸收—位移曲线，如图 4.10 所示，这里提到的能量吸收为结构吸收动力荷载的动能。可以看到，随着方钢管轴向位移的增加，方钢管的能量吸收量逐渐增加，两者的关系近似为线性。在方钢管初始屈曲阶段，当轴向位移 $\delta \leqslant 37.5\mathrm{mm}$ 时，构件能量吸收特性的模拟结果与文献结果相同。随着加载的继续，模拟结果与文献结果相比产生误差，当轴向位移 $\delta = 200\mathrm{mm}$ 时，能量吸收量模拟结果为 16.46kJ，文献结果为 18.26kJ，两者误差为 9.86%。另外，对方钢管动力荷载作用下的平均作用力 (Mean Crush Force，MCF)，作用力效率 (Crush Force Efficiency，CFE) 和能量吸收率 (Specific Energy Absorption，SEA)[175] 进行了计算。

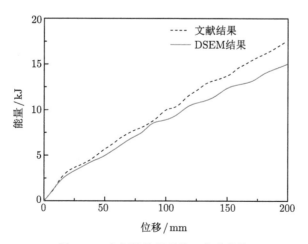

图 4.10 方钢管能量吸收—位移曲线

Isaac[176] 等给出了平均作用力 MCF 的计算公式：

$$\mathrm{MCF} = \frac{1}{d} \int_0^{\delta_i} F(\delta_i)\mathrm{d}\delta_i \tag{4.26}$$

式中，$\mathrm{d}\delta_i$ 为轴向压缩位移。

图 4.11 为方钢管平均作用力—位移曲线的对比。可以发现 DSEM 的模拟结果与文献结果吻合良好。在方钢管荷载—位移曲线的后屈曲阶段，虽然模拟结果与文献结果在曲线波动趋势与后屈曲峰值荷载方面误差较大，但是两者的平均作用力—位移曲线基本一致。DSEM 的平均作用力结果与文献结果误差较小，最大误差为 9.89%。

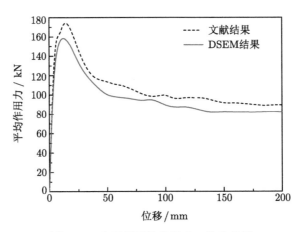

图 4.11   方钢管平均作用力—位移曲线

作用力效率 CFE 为平均作用力与初始荷载峰值的比值，如下式所示：

$$\mathrm{CFE} = \frac{\mathrm{MCF}}{F_{\max}} \tag{4.27}$$

Alia[177] 指出结构在动力荷载作用下，若结构的作用力效率数值高则表明结构能够有效地吸收能量，从而结构能够有效地抵抗动力荷载作用。若作用力效率数值较低则表明初始荷载峰值可能使结构发生断裂破坏，造成结构不能有效地吸收动力荷载的动能，该指标常用于评估结构在动力荷载作用下的安全性能。

能量吸收率 SEA[178] 为结构单位质量的动力荷载的动能吸收量，用于评估材料吸收动力荷载动能的能力，如下式所示：

$$\mathrm{SEA} = \frac{EA}{m} \tag{4.28}$$

式中，m 为结构或构件质量。

本算例的主要目的为验证 DSEM 进行弹塑性大变形计算的有效性与正确性，因此选择了动力问题中的若干参数进行了对比。方钢管的能量吸收 (EA)、平均作用力 (MCF)、最大初始荷载 ($F_{\max}$)、作用力效率 (CFE) 和能量吸收率 (SEA) 的模拟结果与文献结果如图表 4.1 所示。DSEM 得到的作用力效率和能量吸收率分别为 47.47% 和 9.14kJ/kg，文献结果分别为 51.56% 和 10.14 kJ/kg，与文献结果相比，DSEM 的计算误差分别为 7.93% 和 9.86%。

表 4.1 方钢管各动力参数对比

项目	EA/kJ	MCF/kN	$F_{\max}$/kN	CFE/%	SEA/(kJ/kg)
本书结果	16.46	82.31	173.38	47.47	9.14
文献结果	18.26	91.34	177.16	51.56	10.14
误差	9.86	9.89	2.13	7.93	9.86

由以上结果可知，方钢管虽然经历了很大的材料变形和刚体位移，但本书提出的 DSEM 仍然可以实现对该结构在动力荷载作用下的伴随多层褶皱的受压屈曲全过程的有效模拟。从荷载—位移曲线，能量吸收—位移曲线，平均作用力—位移曲线，作用力效率和能量吸收率等方面对模拟结果和文献结果进行了对比，两者吻合良好，与文献结果相比，各项性能参数的 DSEM 结果的误差均在 10% 以内。整个计算过程中没有额外引入特殊技巧和进行人工参数的调整，也没有出现任何因褶皱而导致的数值不稳定现象，说明 DSEM 能够有效准确地计算结构大变形、强材料非线性和动力问题。

4.6.2 薄板在轴压荷载下的动力屈曲计算

本算例为采用 DSEM 对薄板在轴压荷载作用下的动力屈曲进行计算，目的为进一步验证本章建立的 DSEM 弹塑性本构方程和计算程序的正确性，明确该方法进行大变形和强材料非线性计算的优势。薄板的几何尺寸和材料参数如图 4.12 所示。矩形薄板的长为 0.3m，宽为 0.14m，厚度为 0.001m，薄板右端固定，另一端附加质量块 100kg，质量块将沿着 x 轴正方向以 $v_0=12$m/s 的初速度运动，矩形薄板将沿着 x 轴方向产生压缩位移。矩形薄板在动力轴压荷载作用下将产生多层皱曲并且发展到塑性后屈曲阶段。薄板的弹性模型 $E = 2 \times 10^{11}$Pa，泊松比 $\nu=0.24$，初始屈服应力 $\sigma_s=149$MPa，材料密度 $\rho=7850$kg/m³，采用双线性等向强化本构模型分析薄板的弹塑性行为，屈服后切线模量 $E_t=2 \times 10^{10}$Pa。DSEM 的计算模型如图 4.13 所示，球元半径 $r = 0.5$mm，球元总数 $n = 84882$，计算时步 $\Delta t = 4.78 \times 10^{-8}$s。

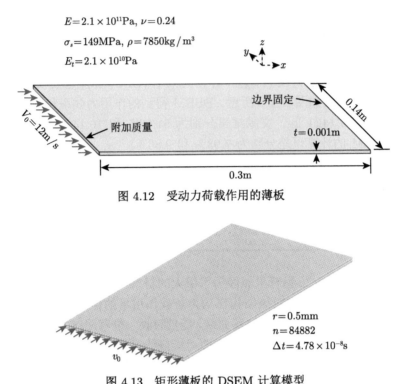

$E = 2.1 \times 10^{11} \text{Pa}, \nu = 0.24$

$\sigma_s = 149 \text{MPa}, \rho = 7850 \text{kg} / \text{m}^3$

$E_t = 2.1 \times 10^{10} \text{Pa}$

图 4.12　受动力荷载作用的薄板

$r = 0.5 \text{mm}$
$n = 84882$
$\Delta t = 4.78 \times 10^{-8} \text{s}$

图 4.13　矩形薄板的 DSEM 计算模型

图 4.14～ 图 4.17 为当计算时间分别为 2ms、5ms、8ms 和 14ms 时，采用 DSEM 计算得到的矩形薄板在轴向动力荷载作用下的屈曲变形图。可以看到，在给定的加载机制和边界条件下，当计算时间为 2ms 时，薄板沿着长度方向发生明显

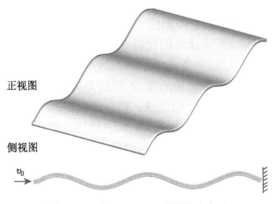

正视图

侧视图

图 4.14　当 $t = 2\text{ms}$ 时薄板的变形

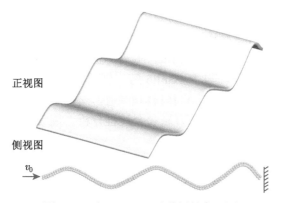

图 4.15 当 $t = 5\mathrm{ms}$ 时薄板的变形图

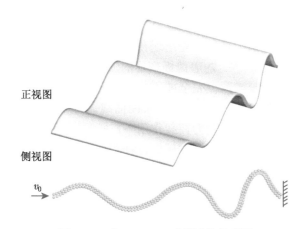

图 4.16 当 $t = 8\mathrm{ms}$ 时薄板的变形图

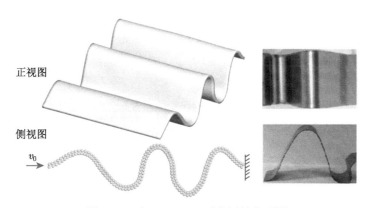

图 4.17 当 $t = 14\mathrm{ms}$ 时薄板的变形图

的正弦波形式的波状屈曲变形。当计算时间为 5ms 时，薄板的波形皱曲逐渐向固定端扩展，固定端皱曲变形逐渐加剧。当计算时间为 8ms 时，薄板固定端形成明显的第一层褶皱。当计算时间为 14ms 时，多层褶皱叠加在薄板固定端，并依次形成第二层和第三层褶皱。与 Peixinho 等 [179] 的薄板动力屈曲试验中板的屈曲形态一致。薄板虽然经历了褶皱和强材料非线性，本书提出的 DSEM 仍然能够有效地实现具有多层皱曲的薄板动力屈曲全过程分析，展示了 DSEM 强非线性计算的能力。

受轴向动力荷载作用的矩形薄板加载端的荷载—位移曲线如图 4.18 所示。So 和 Chen[180] 对不同规格的薄板进行了轴向动力加载试验，DSEM 计算结果与文献结果基本一致。可以发现，薄板首先进入初始屈曲状态，DSEM 和文献的荷载—位移曲线趋势相同，初始屈曲峰值荷载的 DSEM 结果为 48.91kN，文献结果为 47.53kN，与文献相比，DSEM 的计算误差为 2.9%。随着加载的继续，薄板进入塑性后屈曲阶段，此时薄板呈现出承载力不稳定状态，DSEM 的计算结果与文献相比误差较大，DSEM 最大计算误差出现在第二次峰值荷载处，DSEM 的结果为 17.8kN，文献结果为 11.6kN。随着薄板变形的加剧与褶皱的形成，荷载—位移曲线各峰值荷载逐渐减小，当薄板完全被压垮后，薄板丧失承载力。

图 4.19 为薄板加载端的轴向位移—时间曲线。可以看到，DSEM 计算结果与文献结果吻合良好。在轴压动力荷载作用下，矩形薄板的承载力虽然随加载时间波动较大，但是薄板沿长度方向的压缩位移随加载时间逐渐增加，当计算时间 $t \leqslant 8ms$ 时，薄板的压缩位移与时间几乎为线性关系。

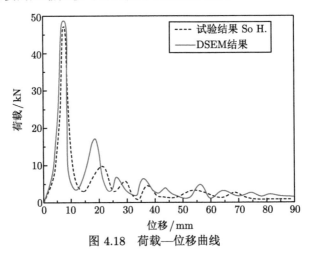

图 4.18　荷载—位移曲线

图 4.20 为 DSEM 和文献的动力受压薄板的能量吸收—位移曲线对比。从图 4.20 可以发现，DSEM 的模拟结果与文献结果比较一致。随着薄板轴压位移的增加，与文献结果相比，DSEM 得到的薄板动能吸收量的误差逐渐增加，当轴压位

移为 90mm，试验结果为 384.42J，DSEM 结果为 420.31J，误差为 9.36%。

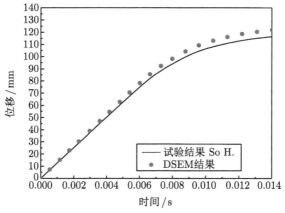

图 4.19 轴向压缩位移—时间曲线

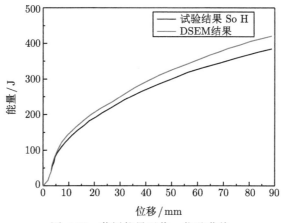

图 4.20 薄板能量吸收—位移曲线

图 4.21 为 DSEM 和文献的动力受压薄板的平均荷载—位移曲线对比。可以看到，虽然在动力加载过程中薄板的荷载—位移曲线波动较大，并且在后屈曲阶段 DSEM 的计算结果与试验结果存在较大误差。但是 DSEM 和试验的平均荷载—位移曲线吻合较好。随着薄板沿长度方向压缩位移的增加，薄板的平均荷载迅速增加到峰值，其中 DSEM 的平均荷载峰值为 18.12kN，试验结果为 17.45kN，与文献相比，DSEM 的误差为 3.84%。之后，薄板的平均荷载逐渐降低，DSEM 与试验的平均荷载—位移曲线变化趋势一致，当薄板的轴向压缩位移为 90mm 时，采用 DSEM 计算得到的薄板平均荷载稳定在 4.74kN，试验中的平均荷载稳定在 4.33kN。

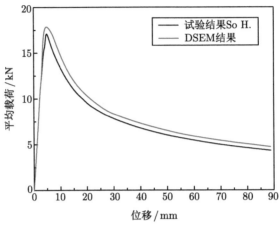

图 4.21　薄板平均荷载—位移曲线

　　通过对薄板屈曲形态、荷载—时间曲线、轴压位移—时间曲线、能量吸收—
时间曲线和平均荷载—时间曲线的 DSEM 结果与文献结果的对比，验证了采用
DSEM 的双线性强化模型进行弹塑性计算的正确性，展现了 DSEM 大变形和强
材料非线性计算的能力。

4.6.3　单调加载下冷弯薄壁型钢剪力墙的抗剪性能分析

　　冷弯薄壁型钢复合钢皮剪力墙为轻钢龙骨两侧覆墙板，正面与背面墙板的底
层为冷弯薄壁型钢皮，面层为防火石膏板。钢材型号为 Q345，墙板与轻钢龙骨通
过自攻螺钉连接。在板交接处做接缝处理，采用间距为 50mm 的双排自攻螺钉将
两块板连接到立柱上，组合墙试件尺寸为 3m×2.4m，钢皮厚度为 1mm。冷弯薄
壁型钢剪力墙的构造如图 4.22 所示。本算例采用 DSEM 对单调加载下复合纯钢
皮的冷弯薄壁型钢墙体的抗剪性能进行了分析，主要对钢皮在剪力作用下的鼓曲
变形进行了仿真研究。

　　组合墙体试件的轻钢龙骨由中立柱、边立柱、上导轨和下导轨采用自攻螺钉
连接组成，中立柱为单根 C 形冷弯薄壁型钢构件，边立柱为两根背靠背的 C 形
冷弯薄壁型钢构件，边立柱的自攻螺钉间距为 100mm，组合墙试件墙板内自攻螺
钉的间距为 300mm，组合墙试件墙板周边自攻螺钉的间距为 50mm。

　　本书作者课题组对冷弯薄壁型钢复合钢皮剪力墙的抗剪性能进行了试验研
究 [181]。试验装置简图如图 4.23 所示，冷弯薄壁型钢复合钢皮剪力墙的抗剪性
能试验如图 4.24 所示。水平荷载通过作动器经加载顶梁传递到墙体顶部，组合
墙试件上导轨、下导轨中间设有 M16 固定螺栓与加载梁连接，固定螺栓间距为
600mm。组合墙试件的四个角部采用 M18 抗拔螺栓与加载梁固定，加载底梁与
地槽用锚栓固定，以防止底梁滑移。组合墙体试件的加载形式为单调加载，采用

位移控制进行加载，加载制度如图 4.25 所示，位移加载速度为 0.03mm/s。

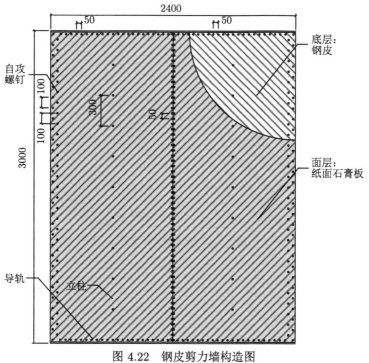

图 4.22 钢皮剪力墙构造图

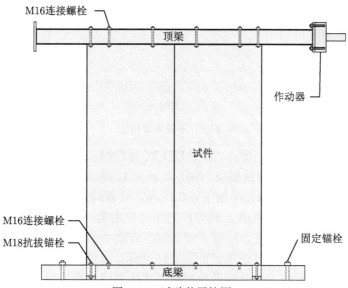

图 4.23 试验装置简图

图 4.24　试验装置全貌

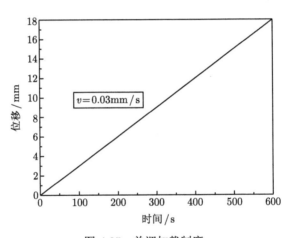

图 4.25　单调加载制度

DSEM 模型如图 4.26 所示。采用 DSEM 对纯钢皮的冷弯薄壁型钢剪力墙建模时，材料本构为理想弹塑性模型，泊松比 $\nu=0.3$，弹性模量 $E = 2.06 \times 10^5 \mathrm{MPa}$，屈服强度 $\sigma_s=395\mathrm{MPa}$，球元半径 $r = 0.5\mathrm{mm}$，计算时步 $\Delta t = 1.93 \times 10^{-4}\mathrm{s}$。约束条件为：约束墙体上导轨沿 z 轴方向的平动自由度，约束墙体下导轨沿 x、y、z 坐标轴方向的平动自由度。冷弯薄壁型钢组合墙中的立柱与导轨、轻钢龙骨与墙板之间通常采用自攻螺钉连接。如图 4.27 所示，本模型在球元间建立非线性弹簧从而模拟墙板与轻钢龙骨之间的自攻螺钉连接作用，将墙板与轻钢龙骨间自攻螺钉对应的球元沿 x、y、z 坐标轴分别建立非线性弹簧，非线性弹簧刚度取自相应的连接件试验数据。

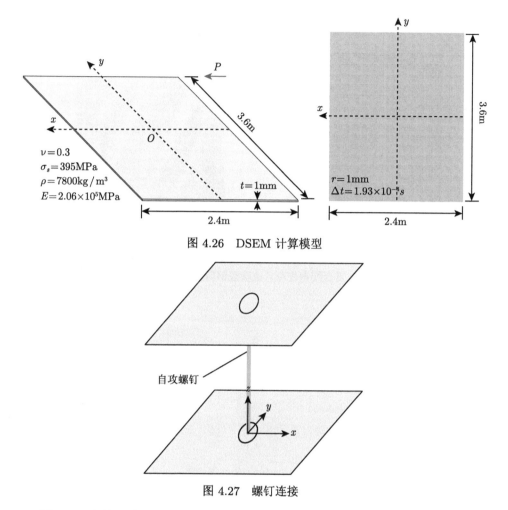

图 4.26 DSEM 计算模型

图 4.27 螺钉连接

图 4.28 为纯钢皮墙体鼓曲褶皱的试验结果，图 4.29 为 DSEM 结果。组合墙体试件在加载过程中，钢皮沿墙体对角线形成拉力带并发生鼓曲变形，随着加载的进行，钢皮的鼓曲褶皱逐渐明显，期间伴随着自攻螺钉的倾斜、贯穿与剪断，最终组合墙试件发生破坏丧失承载力。在 DSEM 计算模型中，钢皮在内部拉力作用下沿墙板对角线区域形成拉力带，钢皮沿对角线的拉力带发生鼓曲，钢皮的鼓曲褶皱变形随着加载的进行逐渐加剧，与试验结果一致。

试件的荷载—位移曲线对比如图 4.30 所示。可以看到，DSEM 的模拟结果与试验结果基本一致，由于 DSEM 模型中简化了螺钉的连接作用，导致数值模型的刚度比试验模型的刚度偏大。其中，试验模型的屈服荷载为 101.9kN，相应位移为 28.1mm，极限荷载为 106.6kN，相应位移为 38.9mm。DSEM 模型的屈服荷载为 102.8kN，相应位移为 19.6mm，极限荷载为 121.6kN，相应位移为 40.7mm，与试验结果相比，相对误差较小。

图 4.28　复合纯钢皮冷弯薄壁型钢剪力墙的试验变形

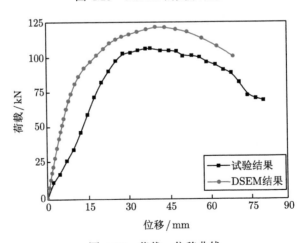

图 4.29　DSEM 的变形结果

图 4.30　荷载—位移曲线

4.6.4 Williams 双杆体系

对于 3.4.4 节中的 Williams 双杆体系，在模型参数完全一致的基础上考虑材料的非线性特性，材料的本构关系采用理想弹塑性模型，采用 DSEM 位移控制法对 Williams 双杆体系计算材料的屈服应力分别为 $\sigma_y = 59.980\text{MPa}$ 和 $\sigma_y = 34.475\text{MPa}$ 时的弹塑性变形过程，并将计算结果与文献 [149] 采用梁柱理论的计算结果进行对比，得到同时考虑几何和材料非线性的荷载—位移曲线如图 4.31 所示。

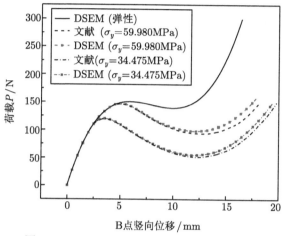

图 4.31　Williams 双杆体系荷载—位移曲线

由荷载—位移曲线的计算结果可以看出，考虑材料的弹塑性性能后，Williams 双杆体系的临界荷载值与弹性分析相比有所降低，说明构件未达到弹性临界荷载便进入屈服。且材料屈服应力越小，临界荷载的降低幅度越大，但结构的变形过程仍然保持"跳跃"的形式不变，均会经历极值点失稳然后进入强化阶段。为进一步分析考虑材料弹塑性后该体系临界荷载值的变化，将不同情况下的计算得到的临界荷载值列表对比如表 4.2 所示。

表 4.2　临界荷载值计算结果对比

计算情况	弹性	$\sigma_y = 59.980\text{MPa}$	$\sigma_y = 34.475\text{MPa}$
DSEM 计算结果 /N	150.5	147.4	120.4
解析解/文献 [195] 值 /N	151.3	146.1	119.4
计算误差	0.5%	−0.8%	−0.8%

由表 4.2 数据可以看出，DSEM 计算结果与解析解/文献值的计算结果吻合良好，在仅考虑几何非线性的情况下，DSEM 与解析解的误差仅为 0.5%；而考虑材料弹塑性分析后得到不同屈服应力下的临界荷载值与文献值的误差均为 −0.8%，说明本书开发的 DSEM 程序能有效模拟结构的弹塑性力学行为。

　　另一方面，考虑材料非线性后，当材料屈服应力 $\sigma_y = 59.980\text{MPa}$ 时，结构的临界荷载值相较于弹性情况降低了 2%，而当材料屈服应力 $\sigma_y = 34.475\text{MPa}$ 时，结构的临界荷载值相较于弹性情况降低 20%，此时材料非线性对结构变形影响较大，应予以考虑。

4.6.5　六角星形穹顶结构

　　如图 4.32 所示六点固接的星形穹顶刚架，由 24 根截面面积为 317mm^2 的正方形构件组成，材料特性如下：弹性模量 $E = 210\text{GPa}$，泊松比 $\nu = 0.3$，材料密度 $\rho = 7850\text{kg}/\text{m}^3$，在刚架中心顶点处施加竖直向下的集中荷载 P，在 DSEM 的计算模型中，如图 4.33 所示，球元半径 $r = 2.97\text{mm}$，球元数量 $N = 18652$，连接弹簧数量 $M = 139890$。

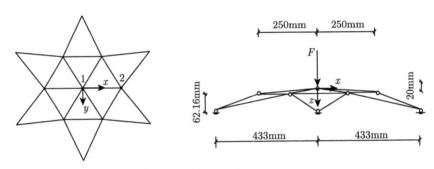

图 4.32　空间六角星形穹顶结构

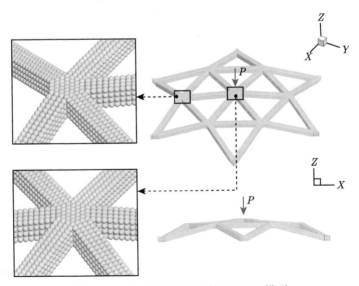

图 4.33　六角星形穹顶结构 DSEM 模型

采用 DSEM 弹塑性分析程序对结构受力变形过程进行跟踪，加载过程控制力以 $\nu = 1\text{N/s}$ 缓慢加载。计算采用的材料本构关系采用双线性等向强化模型，取强化段 $E_t = 0.1E$ 并将计算结果与采用 FEM 弧长法的计算结果进行对比，得到同时考虑几何和材料非线性的荷载—位移曲线如图 4.34 所示。

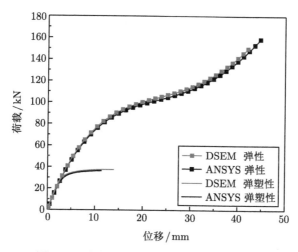

图 4.34 六角星形穹顶结构荷载—位移曲线

由图 4.34 可以看出，本书采用 DSEM 的计算结果与 FEM 相比吻合良好，两者在弹性和弹塑性情况下的最大误差分别为 2.3% 和 3.5%。由于刚架抗弯刚度较大，在受到中心顶点处竖向荷载作用的变形过程中没有发生 "跳跃" 现象，说明加载过程中结构刚度没有产生突变，因而荷载—位移曲线呈现持续上升的趋势。此外，也说明了 DSEM 的力控制法可以完整捕捉到结构位移变化的过程，适用于跟踪荷载—位移曲线持续上升或者下降的情况，而求解带有下降段或 "位移跳跃" 现象的曲线，采用位移控制法求解则更为适合。

对比两种方法分别在弹性和弹塑性情况下的计算结果发现，考虑材料非线性后六角形星形穹顶结构的承载力较弹性情况显著降低，说明构件截面在加载早期便进入塑性，从而对结构承载力产生不可忽略的影响，因而在六角星形穹顶结构的计算分析中必须对材料非线性加以考虑。

图 4.34 中的荷载—位移曲线只追踪到了六角星形穹顶结构顶层构件局部屈曲的阶段，此时继续加大荷载，并将求解方法转换为位移控制，得到结构的屈曲后荷载—位移曲线如图 4.35 所示。

可以看到 DSEM 的位移控制法能有效追踪到构件局部屈曲后的结构整体失稳现象，说明 DSEM 能应用于结构的后屈曲行为分析，结构多次失稳的变形全过程如图 4.36 和图 4.37 所示。

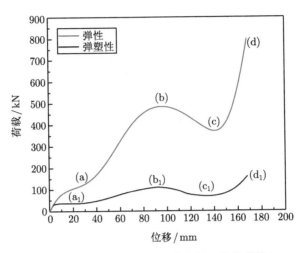

图 4.35　六角星形穹顶结构荷载—位移曲线

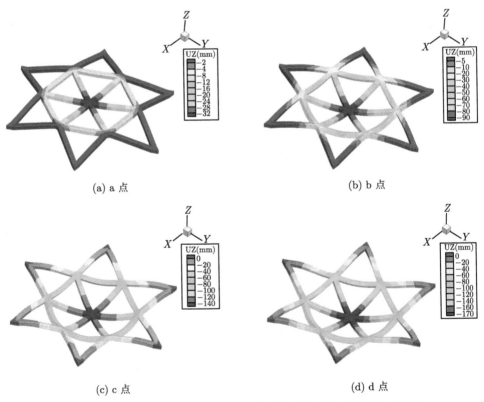

图 4.36　六角星形穹顶结构荷载—位移曲线各点对应变形状态 (弹性)

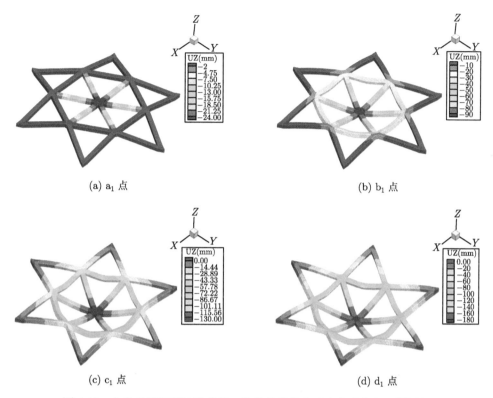

(a) a_1 点

(b) b_1 点

(c) c_1 点

(d) d_1 点

图 4.37 六角星形穹顶结构荷载—位移曲线各点对应变形状态 (弹塑性)

4.6.6 空间直角刚架

如图 4.38 所示位于 x-y 平面的直角刚架由两根长度为 $L = 10\text{m}$ 的构件组成，在 C 点受到 z 方向的集中力 P，A 点和 D 点均为固接边界条件。直角刚架横截面为 $0.25\text{m} \times 0.25\text{m}$ 的正方形，材料弹性模量 $E = 210\text{GPa}$，泊松比 $\nu = 0.3$，密度 $\rho = 7850\text{kg/m}^3$，为了研究不同本构对计算结果的影响，分别采用两种本构模型进行弹塑性分析计算，材料屈服应力 $\sigma_s = 250\text{MPa}$。在 DSEM 的计算模型中，球元半径 $r = 0.05\text{m}$，球元数量 $N = 14472$，连接弹簧数量 $M = 108540$，将 DSEM 的计算结果与 Park[182]、Turkalj[183]、喻莹 [184] 等学者的分析结果进行对比并统一绘制成无量纲的荷载—位移曲线，其中，M_p 表示塑性完全发展时截面能承受的极限弯矩，即

$$M_p = \frac{1}{4}bh^2\sigma_s = \frac{1}{4} \times 0.25 \times 0.25^2 \times 250 \times 10^6 = 976562.5\text{N} \cdot \text{m}$$

由图 4.39 可知，本书采用 DSEM 的计算结果与参考文献接近，但由于以上文献方法采用的屈服准则不尽相同，所得曲线也略有差异：Turkalj 和喻莹采用塑

性铰模型计算，即分析时不考虑截面的塑性发展，认为最外层材料屈服就表示全截面进入塑性，因而得到的荷载—位移曲线由多段直线组成，而 Park 及本书均采用考虑截面塑性发展的Von-Mises准则，其中本书 DSEM 采用多层球元及连接弹簧模拟杆件截面，而连接弹簧又可视作截面的多层纤维，这样就能通过不同计算时步求解得到的弹簧接触力来判断截面屈服状态并自然地考虑到截面逐渐屈服的特性，因此所得曲线也较为光滑。本书采用理想弹塑性模型分析得到的无量纲塑性极限值为 5.108，与 Turkalj 计算的 4.997 及喻莹计算的 4.822 相比，最大误差为 6%，再次验证了本书开发的 DSEM 计算程序对于弹塑性问题的计算能满足精度要求。

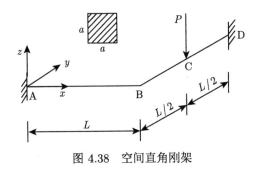

图 4.38　空间直角刚架

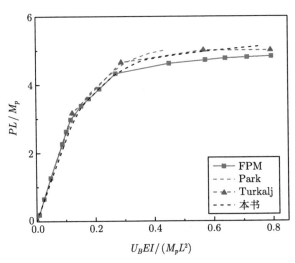

图 4.39　B 点荷载—位移曲线 (理想弹塑性模型)

在双线性等向强化模型中分别取强化段 $E_t = 0.5E$、$0.3E$、$0.1E$、$0.05E$、$0.03E$ 和 $0.01E$，并同时对比 $E_t = E$ (弹性情况) 及 $E_t = 0$ (理想弹塑性模型) 的分析结果。由图 4.40 可知，采用双线性等向强化模型计算得到的无量纲荷载—位移曲线分布在弹性和理想弹塑性本构之间，且强化段的切线模量越小，计算结果与理想弹塑性本构模型就越接近；反之，则与弹性情况越接近，说明本书采用的双线性等向强化本构模型能合理考虑材料进入屈服之后的强化特性，可以用于结构的弹塑性力学行为分析。

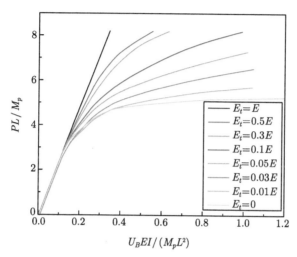

图 4.40 不同本构模型下 B 点荷载—位移曲线计算结果

4.7 本 章 小 结

本章在 DSEM 弹性大变形计算的基础上，对 DSEM 的塑性理论进行了研究，发展了 DSEM 拓展至结构塑性计算的基本框架。DSEM 分析材料非线性问题时，与 FEM 相比，不需要计算单元刚度矩阵，也不需要对非线性方程迭代求解，当涉及结构大变形和强材料非线性问题时，DSEM 具有计算易收敛和计算效率高等优势，本章的主要结论有：

(1) 材料应变能密度分为体积改变能密度和畸变能密度，引入 Mises 屈服条件，采用能量守恒原理推导了畸变能密度系数，建立了以球元间接触力表示的 DSEM 屈服方程。

(2) 基于经典塑性力学和能量理论，建立了 DSEM 的理想弹塑性模型和双线性等向强化模型。根据 Druck 公设和一致性条件推导了理想弹塑性模型和双线性强化模型的塑性比例系数和正交流动准则，建立了基于塑性增量理论的理想弹塑性和双线性等向强化的 DSEM 增量形式的弹塑性接触本构方程。

(3) 建立了 DSEM 中理想弹塑性模型和双线性等向强化模型以球元间接触力为基本量的加卸载判别准则，给出了两种模型的弹性阶段、塑性加载阶段和塑性卸载阶段相应的接触力增量计算流程。

　　(4) 在塑性计算程序中设置了 Flag 数值对不同阶段的接触力状态进行判断，从而计算球元间的弹塑性接触力，给出了理想弹塑性模型和双线性等向强化模型的计算程序流程图。

　　(5) 采用 DSEM 对方钢管受轴向动力荷载失稳全过程、薄板在轴压荷载下的动力屈曲、单调加载下冷弯薄壁型钢钢皮墙体抗剪性能等构件，空间直角刚架、Williams 双杆体系和六角星形穹顶等结构进行了弹塑性全过程分析，所得结果与文献结果吻合良好，通过算例验证了 DSEM 理想弹塑性模型和双线性等向强化模型的有效性和正确性，并展示了 DSEM 分析结构大变形、褶皱、动力屈曲和强材料非线性问题的能力，虽然构件在荷载作用下经历了很大的材料变形，随着加载的继续产生了褶皱与鼓曲，但是本书提出的 DSEM 仍然能够进行有效地计算，没有出现计算不收敛现象，表现出良好的非线性性能。

第五章 离散实体单元法的边界效应分析

5.1 引　　言

DEM 通过由球元和弹簧构成的离散网格系统对复杂力学行为进行仿真。在离散网格系统中，球元的排列方式分为两类，分别为随机排列和规则排列，分别如图 5.1 和图 5.2 所示。DEM 最初主要应用于岩土工程领域，对于土壤和岩石中颗粒随机分布的性质，通常采用球元随机排列的方式对散粒体材料建立 DEM 计算模型。在颗粒随机排列模型中，球元的半径通过实际颗粒材料的尺寸决定。对于颗粒规则排列模型，球元的半径由连续体结构的几何尺寸决定。

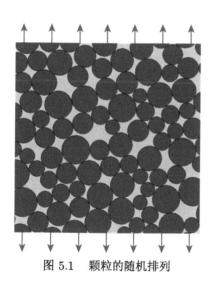

图 5.1　颗粒的随机排列

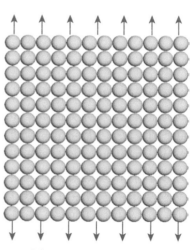

图 5.2　颗粒的规则排列

Mcdowell[185] 采用颗粒随机排列的 DEM 模型分析了圆棒受半正弦波冲击问题和平板受子弹高速冲击问题，并提出了 (3D Polycrystalline Discrete Element Method，3PDEM)，主要对岩石的非线性力学行为、大变形、应变软化和动态破坏等问题进行研究。Tavarez[186] 和 Bono[187] 采用颗粒随机排列模型对土体颗粒的破裂过程进行了模拟，研究了颗粒尺寸对土体拉伸强度的影响以及各种颗粒破裂准则的适用条件。Sinaie[188] 和张正珺等 [189] 采用颗粒随机排列模型对混凝土单轴压缩破坏全过程进行了模拟，考虑了颗粒数目、颗粒尺寸等微观参数的影响，得到了不同尺寸测试样品的峰值压应力—应变曲线。

与颗粒随机排列形式相比，颗粒规则排列的 DEM 模型能够更加有效和准确地解决连续体结构的力学行为。对于纤维和杆系结构，通常采用的简化 DEM 模型为一排规则排列的颗粒。如图 5.3 所示的框架结构，将梁柱构件分别离散为单串球形颗粒。Guo 等 [190] 采用单排颗粒模型模拟了柔性纤维的弹塑性弯曲变形。李承 [191] 提出了颗粒单排排列的钢筋混凝土框架结构 DEM 模型，用于框架结构的爆破拆除研究。

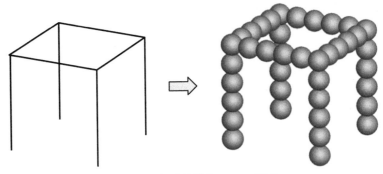

图 5.3   杆系结构的 DEM 模型

平面力学问题中 DEM 模型的颗粒排列形式主要分为两种，分别为七圆盘模型和九圆盘模型，分别如图 5.4 和图 5.5 所示。其中，七圆盘模型呈正六边形排列，每个圆盘单元与周围 6 个圆盘单元相互作用。九圆盘模型呈正方形排列，每个圆盘单元与周围 8 个圆盘单元相互作用。刘凯欣等 [192] 描述了二维圆盘单元呈正六边形排列的 DEM 模型，应用于解决正交各向异性材料的平面应力问题，成名等 [193] 采用该模型模拟了钢板受冲击荷载产生层裂的过程。Liu 等 [194] 采用 DEM 研究了半无限大平板中的弹性波传播问题，验证了七圆盘模型和九圆盘模型计算连续介质动力学问题的有效性。

三维力学问题中 DEM 模型的颗粒排列方式多种多样，常见的有以下几种，体心立方排列模型如图 5.6(a) 所示，该模型由 9 个球元构成，中心球元与周围 8 个球元相互作用。面心立方排列模型如图 5.6(b) 所示，该模型由 13 个球元构成，中心球元与周围 12 个球元相互作用。以及本书提出的 DSEM 排列模型，如图 5.6(c) 所示。通过第三章采用能量守恒原理对球元弹簧刚度的推导过程可知，计算 DSEM 模型的应变能密度时，统计的是与中心球元连接的 18 组弹簧的弹性势能，因此从能量角度上 DSEM 中的基本排列模型由 19 个球元构成。DSEM 的排列模型内部中心球元与周围 18 个球元相互作用，其中编号为 1 的球元通过棱边弹簧连接，编号为 2 的球元通过对角线弹簧连接。

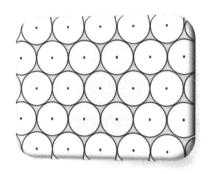

图 5.4　七圆盘模型

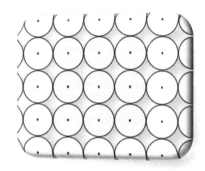

图 5.5　九圆盘模型

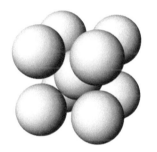

(a) 体心立方排列模型

(b) 面心立方排列模型

(c) DSEM排列模型

图 5.6　三维问题 DEM 模型颗粒排列形式

　　随着研究的深入，发现当采用 DSEM 对连续体结构进行建模计算时，计算模型边界球元的位移和内力与其他方法相比误差较大，第三章中三维弹性块体结构的均布荷载受压分析证明了这一点。这是由于数值模型边界球元连接周围球元的数目与内部球元连接周围球元的数目不同，导致模型边界球元的弹簧刚度与内部球元的弹簧刚度不用。即当采用颗粒规则排列的离散实体元模型时，DSEM 存在边界效应问题。如果 DSEM 的计算模型中所有弹簧统一采用内部球元的弹簧刚度，那么模型边界处的位移与内力将产生较大误差。尤其在控制球元数量的情况下，例如采用 DSEM 模拟薄壁构件时，模型边界处的位移和内力误差将更大，甚至产生错误的计算结果。

　　本章的主要目的为推导 DSEM 模型边界球元的弹簧刚度，建立边界球元弹簧刚度与弹性常数的关系式。通过修正边界上球元的弹簧刚度，减小 DSEM 模型边界球元的内力和位移误差，提高 DSEM 模拟连续体结构力学行为的精度。根据模型边界球元所在的几何位置进行分类，包括边界面球元、边界棱球元和边界角球元，采用能量守恒原理推导了各类边界球元的弹簧刚度。最后通过模型边界问题突出的薄板弹塑性弯曲和开裂薄板的屈曲分析验证了边界球元弹簧刚度的正确性。

5.2   离散实体单元法计算模型的边界球元

边界球元的弹簧刚度对采用 DSEM 模拟连续体结构的力学行为有重要影响。边界球元的分类如图 5.7 所示。根据球元所处边界的位置，DSEM 模型的边界球元分为三类，分别为边界面球元、边界棱球元和边界角球元。

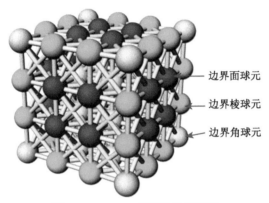

图 5.7   DSEM 模型的边界球元

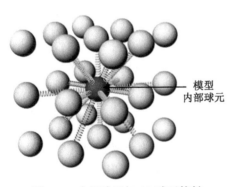

图 5.8   内部球元与 18 球元接触

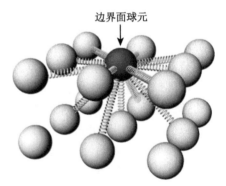

图 5.9   边界面球元与 13 球元接触

采用能量守恒原理推导球元的弹簧刚度时，需要统计与中心球元相互连接的弹簧弹性势能，从而进行应变能密度的计算。通过前面分析可知，模型内部球元与周围 18 球元通过弹簧进行连接，如图 5.8 所示，应变能密度计算公式中计算的是 18 组弹簧的弹性势能，最后推导出位于模型内部球元的弹簧刚度。由于模型边界球元与周围连接球元的数目与模型内部球元连接周围球元的数目不同, 其中边界面球元与周围 13 个球元接触, 如图 5.9 所示。边界棱球元与周围 9 个球元接触, 如图 5.10 所示。边界角球元与周围 6 个球元接触, 如图 5.11 所示。因此边界球元的弹簧刚度与内部球元的弹簧刚度不同。采用球元规则排列的 DSEM 模拟连续体结构的力学行为时, 为了准确模拟连续体结构边界处的力学响应, 模型边界球元的弹簧刚度不能按照内部球元的弹簧刚度进行设定, 需要对模型边界球元的弹簧刚度进行推导与修正, 不能忽略 DSEM 边界效应的影响。

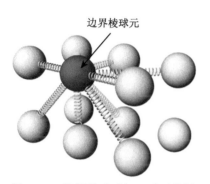

图 5.10　边界棱球元与 9 球元接触　　　　图 5.11　边界角球元与 6 球元接触

5.3　边界面球元弹簧刚度与弹性常数关系式的推导

5.3.1　边界面球元受力状态分析

图 5.12 为 DSEM 模型中的边界面球元, 图 5.13 为单个边界面球元的受力状态。可以发现单个边界面球元与 13 个球元通过弹簧连接, 其中 5 个球元与边界面球元的初始距离为 $2r$, 通过棱边弹簧连接从而传递球元间的棱边接触力; 8 个球元与边界面球元的距离为 $2\sqrt{2}r$, 通过对角线弹簧连接从而传递球元间的对角线接触力。因此单个边界面球元所受的接触力包括 5 组棱边接触力和 8 组对角线接触力。

5.3.2　边界面球元的应变能密度计算

采用与第三章相同的推导方法, 通过计算弹簧的弹性势能建立 DSEM 模型的应变能密度计算公式, 因此需要计算 13 组弹簧的弹性势能, 每组弹簧包括一个法向弹簧和两个切向弹簧。对于单个边界面球元表示的材料区域内的应变能密度为

$$\Pi_i'' = \frac{1}{V} \sum_{n=1}^{13} \frac{1}{4} l_0^2 \left[k_{n_{ij}} \left(\frac{\partial u_{n,ij}}{\partial x_l} \right)^2 + k_{s_{ij}} \left(\frac{\partial u_{s_1,ij}}{\partial x_l} \right)^2 + k_{t_{ij}} \left(\frac{\partial u_{s_2,ij}}{\partial x_l} \right)^2 \right] \quad (5.1)$$

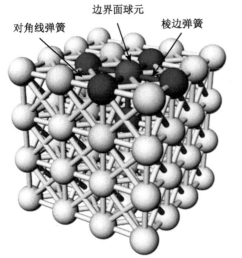

图 5.12　边界面球元

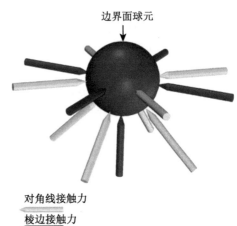

图 5.13　单个边界面球元的受力状态

式中, $k_{n_{ij}}$ 为法向弹簧的弹簧刚度, $k_{s_{ij}}$ 和 $k_{t_{ij}}$ 为切向弹簧的弹簧刚度。$u_{n,ij}$、$u_{s,ij}$ 和 $u_{t,ij}$ 分别为边界面球元 i 与周围球元 j 之间的法向和切向相对位移, l_0 为球元间的初始间距。

通过坐标转换矩阵, 将局部坐标下的应变采用全局应变分量表示

$$\frac{\partial u_{n,ij}}{\partial x_l} = l_1^2 l_2^2 \varepsilon_x + m_2^2 \varepsilon_y + l_2^2 m_1^2 \varepsilon_z + l_1 l_2 m_2 \gamma_{xy} + l_1 l_2^2 m_1 \gamma_{xz} + l_2 m_1 m_2 \gamma_{yz}$$

$$\frac{\partial u_{s,ij}}{\partial x_l} = -l_1^2 l_2 m_2 \varepsilon_x + l_2 m_2 \varepsilon_y - l_2 m_1^2 m_2 \varepsilon_z - (l_1 m_2^2 - l_1 l_2^2)\frac{\gamma_{xy}}{2}$$
$$- l_1 l_2 m_1 m_2 \frac{\gamma_{xz}}{2} + (l_2^2 m_1 - m_1 m_2^2)\frac{\gamma_{yz}}{2}$$

$$\frac{\partial u_{t,ij}}{\partial x_l} = -l_1 l_2 m_1 \varepsilon_x + l_1 l_2 m_1 \varepsilon_z - m_1 m_2 \frac{\gamma_{xy}}{2} - (l_2 m_1^2 - l_1^2 l_2)\frac{\gamma_{xz}}{2} + l_2 m_2 \frac{\gamma_{yz}}{2}$$

$$(5.2)$$

将式 (5.2) 代入式 (5.1), 应变能密度可表示为

$$\Pi_i'' = \frac{1}{4V} \sum_{n=1}^{13} \left\{ k_{n_{ij}} l_0^2 (l_1^2 l_2^2 \varepsilon_x + m_2^2 \varepsilon_y + l_2^2 m_1^2 \varepsilon_z + l_1 l_2 m_2 \gamma_{xy} + l_1 l_2^2 m_1 \gamma_{xz} \right.$$

$$\left. + l_2 m_1 m_2 \gamma_{yz})^2 + k_{s_{ij}} l_0^2 \left[-l_1^2 l_2 m_2 \varepsilon_x + l_2 m_2 \varepsilon_y - l_2 m_1^2 m_2 \varepsilon_z - (l_1 m_2^2 - l_1 l_2^2)\frac{\gamma_{xy}}{2} \right. \right.$$

$$
\left. \begin{array}{c} - l_1 l_2 m_1 m_2 \dfrac{\gamma_{xz}}{2} + (l_2^2 m_1 - m_1 m_2^2)\dfrac{\gamma_{yz}}{2} \end{array} \right]^2 + k_{t_{ij}} l_0^2 \left[- l_1 l_2 m_1 \varepsilon_x + l_1 l_2 m_1 \varepsilon_z \right.
$$

$$
\left. \left. - m_1 m_2 \dfrac{\gamma_{xy}}{2} \varepsilon_y - (l_2 m_1^2 - l_1^2 l_2)\dfrac{\gamma_{xz}}{2} + l_2 m_2 \dfrac{\gamma_{yz}}{2} \right]^2 \right\} \tag{5.3}
$$

将式 (5.3) 展开得

$$
\begin{aligned}
\Pi_i'' = \dfrac{1}{4V}(& C_1 \varepsilon_x^2 + C_2 \varepsilon_y^2 + C_3 \varepsilon_z^2 + C_4 \varepsilon_x \varepsilon_y + C_5 \varepsilon_x \varepsilon_z + C_6 \varepsilon_y \varepsilon_z + C_7 \varepsilon_x \gamma_{xy} \\
& + C_8 \varepsilon_x \gamma_{xz} + C_9 \varepsilon_x \gamma_{yz} + C_{10} \varepsilon_y \gamma_{xy} + C_{11} \varepsilon_y \gamma_{xz} + C_{12} \varepsilon_y \gamma_{yz} + C_{13} \varepsilon_z \gamma_{xy} \\
& + C_{14} \varepsilon_z \gamma_{xz} + C_{15} \varepsilon_z \gamma_{yz} + C_{16} \gamma_{xy} \gamma_{xz} + C_{17} \gamma_{xy} \gamma_{yz} + C_{18} \gamma_{xz} \gamma_{yz} + C_{19} \gamma_{xy}^2 \\
& + C_{20} \gamma_{xz}^2 + C_{21} \gamma_{yz}^2)
\end{aligned} \tag{5.4}
$$

式中，$C_1 \sim C_{21}$ 为多项式系数，如下式所示：

$$
\begin{aligned}
C_1 &= \sum_{j}^{p} \left[l_0^2 l_1^2 l_2^2 \left(k_{n_{ij}} l_1^2 l_2^2 + k_{s_{ij}} l_1^2 m_2^2 + k_{t_{ij}} m_1^2 \right) \right] \\
C_2 &= \sum_{j}^{p} \left[l_0^2 m_2^2 \left(k_{n_{ij}} m_2^2 + k_{s_{ij}} l_2^2 \right) \right] \\
C_3 &= \sum_{j}^{p} \left[l_0^2 l_2^2 m_1^2 \left(k_{n_{ij}} l_2^2 m_1^2 + k_{s_{ij}} m_1^2 m_2^2 + k_{t_{ij}} l_1^2 \right) \right]
\end{aligned} \tag{5.5}
$$

$$
\begin{aligned}
C_4 &= \sum_{j}^{p} \left[2 l_0^2 l_1^2 l_2^2 m_2^2 \left(k_{n_{ij}} - k_{s_{ij}} \right) \right] \\
C_5 &= \sum_{j}^{p} \left[2 l_0^2 l_1^2 l_2^2 m_1^2 \left(k_{n_{ij}} l_2^2 + k_{s_{ij}} m_2^2 - k_{t_{ij}} \right) \right] \\
C_6 &= \sum_{j}^{p} \left[2 l_0^2 l_2^2 m_1^2 m_2^2 \left(k_{n_{ij}} - k_{s_{ij}} \right) \right] \\
C_7 &= \sum_{j}^{p} \left\{ l_0^2 l_1 l_2 m_2 \left[2 k_{n_{ij}} l_1^2 l_2^2 + k_{s_{ij}} l_1^2 \left(m_2^2 - l_2^2 \right) + k_{t_{ij}} m_1^2 \right] \right\} \\
C_8 &= \sum_{j}^{p} \left\{ l_0^2 l_1 l_2^2 m_1 \left[2 l_1^2 \left(k_{n_{ij}} l_2^2 + k_{s_{ij}} m_2^2 \right) + k_{t_{ij}} \left(m_1^2 - l_1^2 \right) \right] \right\} \\
C_9 &= \sum_{j}^{p} \left\{ l_0^2 l_1^2 l_2 m_1 m_2 \left[2 k_{n_{ij}} l_2^2 + k_{s_{ij}} \left(m_2^2 - l_2^2 \right) - k_{t_{ij}} \right] \right\} \\
C_{10} &= \sum_{j}^{p} \left\{ l_0^2 l_1 l_2 m_2 \left[2 k_{n_{ij}} m_2^2 + k_{s_{ij}} \left(l_2^2 - m_2^2 \right) \right] \right\}
\end{aligned} \tag{5.6}
$$

$$C_{11} = \sum_j^p \left[l_0^2 l_1 l_2^2 m_1 m_2 \left(k_{n_{ij}} - k_{s_{ij}} \right) \right]$$

$$C_{12} = \sum_j^p \left\{ l_0^2 l_2 m_1 m_2 \left[2k_{n_{ij}} m_2^2 + k_{s_{ij}} \left(l_2^2 - m_2^2 \right) \right] \right\}$$

$$C_{13} = \sum_j^p \left\{ l_0^2 l_1 l_2 m_1^2 m_2 \left[2k_{n_{ij}} l_2^2 + k_{s_{ij}} \left(m_2^2 - l_2^2 \right) - k_{t_{ij}} \right] \right\} \tag{5.7}$$

$$C_{14} = \sum_j^p \left\{ l_0^2 l_1 l_2^2 m_1 \left[2m_1^2 \left[k_{n_{ij}} l_2^2 + k_{s_{ij}} m_2^2 \right] + k_{t_{ij}} \left(l_1^2 - m_1^2 \right) \right] \right\}$$

$$C_{15} = \sum_j^p \left(l_0^2 l_2 m_1 m_2 \left\{ m_1^2 \left[2k_{n_{ij}} l_2^2 + k_{s_{ij}} \left(m_2^2 - l_2^2 \right) \right] + k_{t_{ij}} l_1^2 \right\} \right)$$

$$C_{16} = \sum_j^p \left(\frac{1}{2} l_0^2 l_2 m_1 m_2 \left\{ 2l_1^2 \left[2k_{n_{ij}} l_2^2 + k_{s_{ij}} \left(m_2^2 - l_2^2 \right) \right] + k_{t_{ij}} \left(m_1^2 - l_1^2 \right) \right\} \right)$$

$$C_{17} = \sum_j^p \left\{ \frac{1}{2} l_0^2 l_1 m_1 \left[m_2^2 \left(4k_{n_{ij}} l_2^2 - k_{t_{ij}} \right) + k_{s_{ij}} \left(l_2^2 - m_2^2 \right)^2 \right] \right\}$$

$$C_{18} = \sum_j^p \left(\frac{1}{2} l_0^2 l_1 l_2 m_2 \left\{ 2m_1^2 \left[2k_{n_{ij}} l_2^2 + k_{s_{ij}} \left(m_2^2 - l_2^2 \right) \right] + k_{t_{ij}} \left(l_1^2 - m_1^2 \right) \right\} \right)$$

$$C_{19} = \sum_j^p \left\{ \frac{1}{4} l_0^2 \left[m_2^2 \left(4k_{n_{ij}} l_1^2 l_2^2 + k_{t_{ij}} m_1^2 \right) + k_{s_{ij}} l_1^2 \left(l_2^2 - m_2^2 \right)^2 \right] \right\}$$

$$C_{20} = \sum_j^p \left\{ \frac{1}{4} l_0^2 l_2^2 \left[4l_1^2 m_1^2 \left(k_{n_{ij}} l_2^2 + k_{s_{ij}} m_2^2 \right) + k_{t_{ij}} \left(l_2^2 - m_2^2 \right)^2 \right] \right\}$$

$$C_{21} = \sum_j^p \left\{ \frac{1}{4} l_0^2 \left[m_2^2 \left(4k_{n_{ij}} l_2^2 m_1^2 + kt_{ij} l_1^2 \right) + k_{s_{ij}} m_1^2 \left(l_2^2 - m_2^2 \right)^2 \right] \right\}$$

$$\tag{5.8}$$

式中，P 为与边界球元连接的弹簧组数目，对于边界面球元 $P=13$，边界棱球元 $P=9$，边界角球元 $P=6$。

5.3.3 基于能量守恒原理的边界面球元弹簧刚度系数的确定

根据弹性力学与能量守恒原理，确定边界面球元应变能密度计算公式中的各项系数，从而推导边界面球元的法向弹簧和切向弹簧的刚度系数。

弹性力学中三维空间内弹性体的应变能密度为

$$\Pi_i = \frac{1}{2} (\sigma_x \varepsilon_x + \sigma_y \varepsilon_y + \sigma_z \varepsilon_z + \tau_{xy} \gamma_{xy} + \tau_{xz} \gamma_{xz} + \tau_{yz} \gamma_{yz}) \tag{5.9}$$

引入弹性体的物理方程后，应变能密度可表示为

$$\Pi_i = \frac{E}{2(1+v)} \left[\frac{1-v}{1-2v} \left(\varepsilon_x^2 + \varepsilon_y^2 + \varepsilon_z^2 \right) + \frac{2v}{1-2v} \left(\varepsilon_x \varepsilon_y + \varepsilon_x \varepsilon_z + \varepsilon_y \varepsilon_z \right) \right.$$
$$\left. + \frac{1}{2} \left(\gamma_{xy}^2 + \gamma_{xz}^2 + \gamma_{yz}^2 \right) \right] \tag{5.10}$$

式中，E 材料的弹性模量，ν 材料的泊松比，ε_x、ε_y、ε_z、γ_{xy}、γ_{xz} 和 γ_{yz} 为应变分量。

基于能量守恒原理，令式 (5.4) 和式 (5.10) 表示的应变能密度相等，可得

$$C_1 = C_2 = C_3 = \frac{2EV}{1+\nu} \frac{1-\nu}{1-2\nu}$$
$$C_4 = C_5 = C_6 = \frac{2EV}{1+\nu} \frac{2\nu}{1-2\nu}$$
$$C_{19} = C_{20} = C_{21} = \frac{EV}{1+\nu} \tag{5.11}$$
$$C_7 = C_8 = C_9 = C_{10} = C_{11} = C_{12} = 0$$
$$C_{13} = C_{14} = C_{15} = C_{16} = C_{17} = C_{18} = 0$$

式 (5.11) 是确定 DSEM 模型边界球元弹簧刚度需要满足的条件方程，下面将分别推导三种边界球元的法向和切向弹簧刚度。

与边界面球元接触的周围球元的编号如图 5.14 所示，1 号 ~ 5 号球元通过棱边弹簧与边界面球元连接，设其局部坐标下的法向和切向弹簧刚度为 k_{n_1}、k_{s_1} 和 k_{t_1}，7 号 ~ 13 号球元通过对角线弹簧与边界面球元连接，设其局部坐标下法

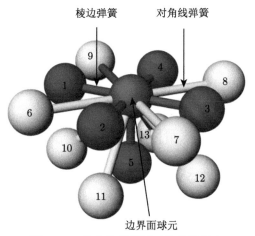

图 5.14 单个边界面球元的接触状态

向和切向弹簧刚度为 k_{n_2}、k_{s_2} 和 k_{t_2}。将球元间的初始间距 l_0，球元间的弹簧刚度和转换矩阵中夹角的三角函数值代入式 (5.6)~ 式 (5.8) 和式 (5.11)，得应变能密度各分项系数为

$$C_1 = C_3 = \frac{3k_{n_2}}{8r} + \frac{k_{n_1}}{4r} + \frac{k_{t_1}}{8r} + \frac{k_{t_2}}{4r} = \frac{E(1-\nu)}{2(1+\nu)(1-2\nu)}$$

$$C_2 = \frac{k_{n_2}}{4r} + \frac{k_{n_1}}{8r} + \frac{k_{t_1}}{4r} = \frac{E(1-\nu)}{2(1+\nu)(1-2\nu)}$$

$$C_4 = C_6 = \frac{k_{n_2}}{4r} - \frac{k_{t_1}}{4r} = \frac{E\nu}{(1+\nu)(1-2\nu)}$$

$$C_5 = \frac{k_{n_2}}{4r} - \frac{k_{t_2}}{4r} = \frac{E\nu}{(1+\nu)(1-2\nu)}$$

$$C_{19} = \frac{k_{n_2}}{8r} + \frac{k_{t_1}}{8r} + \frac{3k_{s_1}}{32r} + \frac{k_{t_2}}{16r} = \frac{E}{4(1+\nu)}$$

$$C_{20} = \frac{k_{n_2}}{8r} + \frac{3k_{t_2}}{16r} + \frac{3k_{s_2}}{32r} = \frac{E}{4(1+\nu)}$$

$$C_{21} = \frac{k_{n_2}}{8r} + \frac{k_{t_1}}{8r} + \frac{k_{s_1}}{16r} + \frac{k_{t_2}}{16r} + \frac{k_{s_2}}{32r} = \frac{E}{4(1+\nu)}$$

$$C_7 = C_8 = C_9 = C_{10} = C_{11} = C_{12} = 0$$

$$C_{13} = C_{14} = C_{15} = C_{16} = C_{17} = C_{18} = 0$$

(5.12)

求解式 (5.12)，则边界面球元的弹簧刚度与材料宏观常数 (即弹性模量 E 和泊松比 ν) 的关系式可表示为

$$k_{n_1} = \frac{4Er(1-\nu)}{(2\nu-1)(1+\nu)}, \quad k_{s_1} = k_{s_2} = \frac{4Er(3-2\nu)}{3(2\nu-1)(1+\nu)}$$

$$k_{n_2} = \frac{-2Er}{(2\nu-1)(1+\nu)}, \quad k_{t_1} = k_{t_2} = \frac{2Er}{1+\nu}$$

(5.13)

5.4　边界棱球元弹簧刚度与弹性常数关系式的推导

5.4.1　边界棱球元的受力状态分析

图 5.15 为 DSEM 计算模型中的边界棱球元，图 5.16 为单个边界棱球元的受力状态。可以发现单个边界棱球元与 9 个球元通过弹簧连接，其中 4 个球元与边界棱球元的初始距离为 $2r$，通过棱边弹簧连接，5 个球元与边界棱球元的初始距

离为 $2\sqrt{2}r$，通过对角线弹簧连接。因此单个边界棱球元所受的接触力包括 4 组棱边接触力和 5 组对角线接触力。

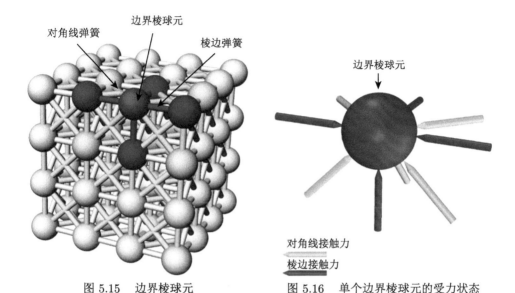

图 5.15 边界棱球元   图 5.16 单个边界棱球元的受力状态

5.4.2 边界棱球元的应变能密度与弹簧刚度系数的推导

与边界棱球元接触的周围球元的编号如图 5.17 所示，1 号 ～ 4 号球元通过棱边弹簧与边界棱球元连接，7 号 ～ 13 号球元通过对角线弹簧与边界面球元连接，采用与推导边界面球元弹簧刚度相同的方法对边界棱球元的弹簧刚度进行推导。对于单个边界棱球元表示的材料区域内的应变能密度为

$$
\begin{aligned}
\Pi_i'' ={}& \varepsilon_x^2\left(\frac{k_{n_2}}{4r}+\frac{k_{n_1}}{4r}+\frac{k_{t_1}}{8r}+\frac{k_{t_2}}{8r}\right)+\varepsilon_y^2\left(\frac{3k_{n_2}}{16r}+\frac{k_{n_1}}{8r}+\frac{3k_{t_1}}{16r}\right)\\
&+\varepsilon_z^2\left(\frac{3k_{n_2}}{16r}+\frac{k_{n_1}}{8r}+\frac{k_{t_1}}{16r}+\frac{k_{t_2}}{8r}\right)+\varepsilon_x\varepsilon_y\left(\frac{k_{n_2}}{4r}-\frac{k_{t_1}}{4r}\right)\\
&+\varepsilon_x\varepsilon_z\left(\frac{k_{n_2}}{4r}-\frac{k_{t_2}}{4r}\right)+\varepsilon_y\varepsilon_z\left(\frac{k_{n_2}}{4r}-\frac{k_{t_1}}{4r}\right)+\gamma_{xy}^2\left(\frac{k_{n_2}}{8r}+\frac{k_{t_1}}{16r}+\frac{3k_{s_1}}{32r}+\frac{k_{t_2}}{32r}\right)\\
&+\gamma_{xz}^2\left(\frac{k_{n_2}}{8r}+\frac{3k_{t_2}}{32r}+\frac{3k_{s_2}}{32r}\right)+\gamma_{yz}^2\left(\frac{k_{n_2}}{8r}+\frac{k_{t_1}}{16r}+\frac{k_{s_1}}{16r}+\frac{k_{t_2}}{32r}+\frac{k_{s_2}}{32r}\right)
\end{aligned}
$$

$$(5.14)$$

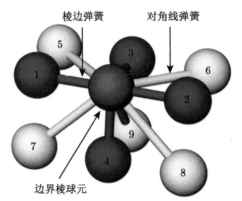

棱边弹簧   对角线弹簧

边界棱球元

图 5.17   单个边界角球元的接触状态

对于边界棱球元，各分项系数可表示为

$$C_1 = \frac{k_{n_2}}{4r} + \frac{k_{n_1}}{4r} + \frac{k_{t_1}}{8r} + \frac{k_{t_2}}{8r} = \frac{E(1-\nu)}{2(1+\nu)(1-2\nu)}$$

$$C_2 = \frac{3k_{n_2}}{16r} + \frac{k_{n_1}}{8r} + \frac{3k_{t_1}}{16r} = \frac{E(1-\nu)}{2(1+\nu)(1-2\nu)}$$

$$C_3 = \frac{3k_{n_2}}{16r} + \frac{k_{n_1}}{8r} + \frac{k_{t_1}}{16r} + \frac{k_{t_2}}{8r} = \frac{E(1-\nu)}{2(1+\nu)(1-2\nu)} \tag{5.15}$$

$$C_4 = C_6 = \frac{k_{n_2}}{4r} - \frac{k_{t_1}}{4r} = \frac{E\nu}{(1+\nu)(1-2\nu)}$$

$$C_5 = \frac{k_{n_2}}{4r} - \frac{k_{t_2}}{4r} = \frac{E\nu}{(1+\nu)(1-2\nu)}$$

$$C_{19} = \frac{k_{n_2}}{8r} + \frac{k_{t_1}}{16r} + \frac{3k_{s_1}}{32r} + \frac{k_{t_2}}{32r} = \frac{E}{4(1+\nu)}$$

$$C_{20} = \frac{k_{n_2}}{8r} + \frac{3k_{t_2}}{32r} + \frac{3k_{s_2}}{32r} = \frac{E}{4(1+\nu)} \tag{5.16}$$

$$C_{21} = \frac{k_{n_2}}{8r} + \frac{k_{t_1}}{16r} + \frac{k_{s_1}}{16r} + \frac{k_{t_2}}{32r} + \frac{k_{s_2}}{32r} = \frac{E}{4(1+\nu)}$$

求解式 (5.15) 和式 (5.16)，边界棱球元的弹簧刚度与材料宏观常数的关系式
可表示为

$$k_{n_1} = \frac{2Er(1-\nu)}{(2\nu-1)(1+\nu)}, \quad k_{s_1} = k_{s_2} = \frac{2Er(3+2\nu)}{3(2\nu-1)(1+\nu)}$$

$$k_{n_2} = \frac{-2Er}{(2\nu-1)(1+\nu)}, \quad k_{t_1} = k_{t_2} = \frac{2Er}{1+\nu} \tag{5.17}$$

5.5 边界角球元弹簧刚度与弹性常数关系式的推导

5.5.1 边界角球元的受力状态分析

图 5.18 为 DSEM 计算模型中的边界角球元,图 5.19 为单个边界角球元的受力状态。可以发现单个边界角球元与 6 个球元通过弹簧连接,其中 3 个球元与边界角球元的初始距离为 $2r$,通过棱边弹簧连接,3 个球元与边界角球元的距离为 $2\sqrt{2}r$,通过对角线弹簧连接。因此单个边界角球元所受的接触力包括 3 组棱边接触力和 3 组对角线接触力。

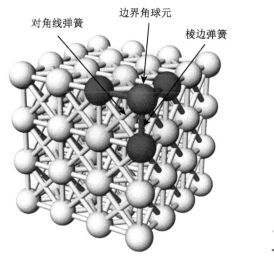

对角线弹簧　边界角球元　棱边弹簧

图 5.18　边界角球元

边界角球元

对角线接触力

棱边接触力

图 5.19　单个边界角球元的受力状态

5.5.2 边界角球元的应变能密度与弹簧刚度系数的推导

与边界角球元接触的周围球元的编号如图 5.20 所示,1 号 ~ 3 号球元通过棱边弹簧与边界角球元连接,4 号 ~ 6 号球元通过对角线弹簧与边界角球元连接,对于单个边界角球元表示的材料区域内的应变能密度为

$$
\begin{aligned}
\Pi_i'' = {} & \varepsilon_x^2\left(\frac{k_{n_2}}{8r}+\frac{k_{n_1}}{8r}+\frac{k_{t_1}}{16r}+\frac{k_{t_2}}{16r}\right)+\varepsilon_y^2\left(\frac{k_{n_2}}{8r}+\frac{k_{n_1}}{8r}+\frac{k_{t_1}}{8r}\right) \\
& +\varepsilon_z^2\left(\frac{k_{n_2}}{8r}+\frac{k_{n_1}}{8r}+\frac{k_{t_1}}{16r}+\frac{k_{t_2}}{16r}\right)+\varepsilon_x\varepsilon_y\left(\frac{k_{n_2}}{8r}-\frac{k_{t_1}}{8r}\right) \\
& +\varepsilon_x\varepsilon_z\left(\frac{k_{n_2}}{8r}-\frac{k_{t_2}}{8r}\right)+\varepsilon_y\varepsilon_z\left(\frac{k_{n_2}}{8r}-\frac{k_{t_1}}{8r}\right)+\gamma_{xy}^2\left(\frac{k_{n_2}}{16r}+\frac{k_{t_1}}{32r}+\frac{k_{s_1}}{16r}+\frac{k_{t_2}}{32r}\right)
\end{aligned}
$$

$$+\gamma_{xz}^2\left(\frac{k_{n_2}}{16r}+\frac{k_{t_2}}{16r}+\frac{k_{s_2}}{16r}\right)+\gamma_{yz}^2\left(\frac{k_{n_2}}{16r}+\frac{k_{t_1}}{32r}+\frac{k_{s_1}}{32r}+\frac{k_{t_2}}{32r}+\frac{k_{s_2}}{32r}\right)$$

$$(5.18)$$

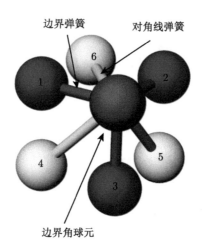

边界弹簧　　对角线弹簧

边界角球元

图 5.20　单个边界角球元的接触状态

对于边界角球元，各分项系数可表示为

$$C_1=C_3=\frac{k_{n_2}}{8r}+\frac{k_{n_1}}{8r}+\frac{k_{t_1}}{16r}+\frac{k_{t_2}}{16r}=\frac{E(1-\nu)}{2(1+\nu)(1-2\nu)}$$

$$C_2=\frac{k_{n_2}}{8r}+\frac{k_{n_1}}{8r}+\frac{k_{t_1}}{8r}=\frac{E(1-\nu)}{2(1+\nu)(1-2\nu)}$$

$$(5.19)$$

$$C_4=C_6=\frac{k_{n_2}}{8r}-\frac{k_{t_1}}{8r}=\frac{E\nu}{(1+\nu)(1-2\nu)}$$

$$C_5=\frac{k_{n_2}}{8r}-\frac{k_{t_2}}{8r}=\frac{E\nu}{(1+\nu)(1-2\nu)}$$

$$C_{19}=\frac{k_{n_2}}{16r}+\frac{k_{t_1}}{32r}+\frac{k_{s_1}}{16r}+\frac{k_{t_2}}{32r}=\frac{E}{4(1+\nu)}$$

$$C_{20}=\frac{k_{n_2}}{16r}+\frac{k_{t_2}}{16r}+\frac{k_{s_2}}{16r}=\frac{E}{4(1+\nu)}$$

$$(5.20)$$

$$C_{21}=\frac{k_{n_2}}{16r}+\frac{k_{t_1}}{32r}+\frac{k_{s_1}}{32r}+\frac{k_{t_2}}{32r}+\frac{k_{s_2}}{32r}=\frac{E}{4(1+\nu)}$$

求解式 (5.19) 和式 (5.20)，则边界角球元的弹簧刚度与材料宏观常数的关系式可

表示为

$$k_{n_1} = \frac{-4Er}{(2\nu - 1)}; \quad k_{s_1} = k_{s_2} = \frac{-4Er}{(2\nu - 1)(1 + \nu)}$$

$$k_{n_2} = 0; \quad k_{t_1} = k_{t_2} = \frac{8Er\nu}{(2\nu - 1)(1 + \nu)}$$

(5.21)

5.6 算例分析与验证

本节采用上述推导的边界面球元，边界棱球元和边界角球元的弹簧刚度，根据 DSEM 计算模型中球元位置的不同分别赋予不同的法向和切向弹簧刚度，将其编入 DSEM 计算程序中。现针对计算模型边界问题比较突出的算例金进行分析，通过与 FEM 和试验结果，验证本章推导的边界球元弹簧刚度的正确性与有效性。

5.6.1 薄板的弹塑性弯曲分析

本算例为薄板受均布荷载的弹塑性弯曲分析，目的为研究 DSEM 计算模型中边界球元弹簧刚度对连续体力学行为的影响，并采用 FEM 对该算例进行了模拟，用于比较分析 DSEM 的计算结果。

板的几何尺寸、材料参数如图 5.21 所示。薄板的长为 0.3m，宽为 0.3m，厚度为 6mm。薄板的一端固定，上表面施加竖向均布荷载 $P = 4.8 \times 10^4$Pa。薄板的弹性模量 $E = 2.1 \times 10^{11}$Pa，泊松比 $\nu = 0.24$，材料密度 $\rho = 7850$kg/m^3，屈服应力 $\sigma_s = 235$MPa，材料本构关系为理想弹塑性。薄板的 DSEM 模型和 FEM 模型如图 5.22 和图 5.23 所示。DSEM 模型中球元的半径 $r = 1.5$mm，球元总数 $n = 30603$，模型沿着薄板的厚度方向 z 坐标轴划分了 3 层球元，上下两层球元均为边界面球元，边界球元在全部球元中占的比例为 67%。FEM 模型的单元类型为八节点 Solid185 实体单元，单元尺寸为 3mm×3mm×3mm，单元数目为 20000。

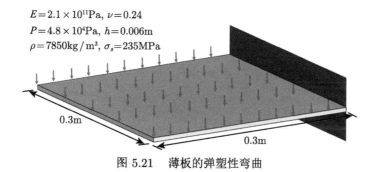

$E = 2.1 \times 10^{11}$Pa, $\nu = 0.24$
$P = 4.8 \times 10^4$Pa, $h = 0.006$m
$\rho = 7850$kg/m^3, $\sigma_s = 235$MPa

0.3m

0.3m

图 5.21 薄板的弹塑性弯曲

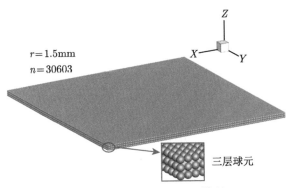

图 5.22　薄板的 DSEM 模型

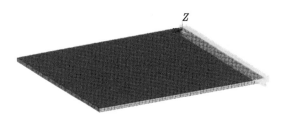

图 5.23　薄板的 FEM 模型

　　采用 DSEM 对薄板的弹塑性弯曲计算得到 x 方向、y 方向和 z 方向的位移分布云图和 Mises 塑性分布云图，以及相应的 FEM 结果如图 5.24 ~ 图 5.31 所示。从图中可以看到，本书提出的 DSEM 可以重现与 FEM 相同位移分布与塑性分布，验证了本书推导的 DSEM 模型边界球元弹簧刚度和塑性理论的有效性。为了研究改进模型的边界球元弹簧刚度后，DSEM 对连续体边界计算精度的影响，选取了薄板边界位置的位移结果，分别位于薄板的 (Lne I: $y=12$mm，$z=6$mm)

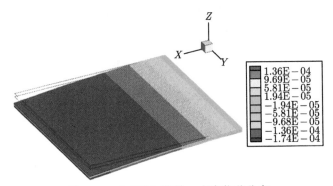

图 5.24　DSEM 模型 x 方向位移分布

和 (Line II: x=60mm, z=6mm) 位置, 与 FEM 结果进行了定量对比。

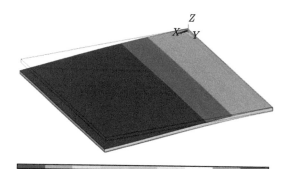

−.174E − 03 −.968E − 04 −.194E − 04 .581E − 04 .136E − 03
−.136E − 03 −.581E − 04 .194E − 04 .969E − 04 .174E − 03

图 5.25   FEM 模型 x 方向位移分布

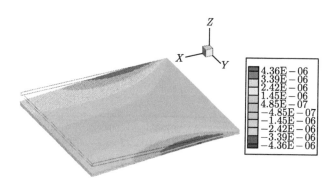

图 5.26   DSEM 模型 y 方向位移分布

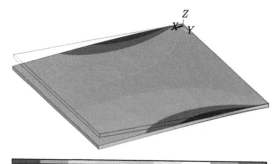

−.436E − 05 −.242E − 05 −.485E − 06 .145E − 05 .339E − 05
−.339E − 05 −.145E − 05 .485E − 06 .242E − 05 .436E − 05

图 5.27   FEM 模型 y 方向位移分布

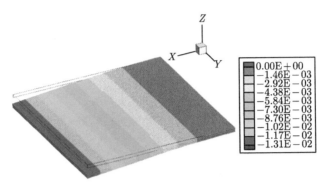

图 5.28　DSEM 模型 z 方向位移分布

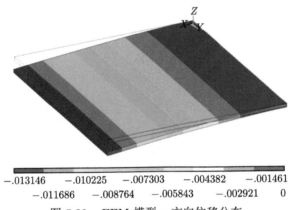

图 5.29　FEM 模型 z 方向位移分布

图 5.30　DSEM 模型塑性分布

DSEM 模型边界位置 (Lne I：$y=12$mm，$z=6$mm) 的位移与 FEM 结果的对比分别如图 5.32 ~ 图 5.34 所示。从图中可以看到，对 DSEM 计算模型的边

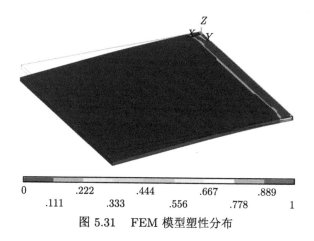

图 5.31 FEM 模型塑性分布

界面球元、边界棱球元和边界角球元的弹簧刚度修正后，与 FEM 相比，有效地减小了 DSEM 模型边界的位移误差，提高了采用 DSEM 模拟连续体结构力学行为的精度。对模型边界球元的弹簧刚度修正后，薄板弹塑性弯曲算例中 x 方向最大位移误差从 12.92% 减小到 5.23%，y 方向最大位移误差从 14.41% 减小到 5.76%，z 方向最大位移误差从 11.38% 减小到 4.31%。DSEM 模型边界位置 (Line II：$x=60$mm，$z=6$mm) 的位移与 FEM 结果的对比分别如图 5.35 ~ 图 5.37 所示。可以发现，与模型边界球元的弹簧刚度修正前相比，x 方向最大位移误差从 12.46% 减小到 4.56%，y 方向最大位移误差从 13.11% 减小到 4.96%，z 方向最大位移误差从 10.08% 减小到 3.84%。

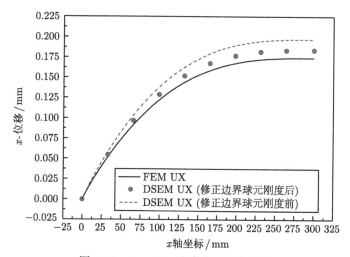

图 5.32 Lne I: x 方向位移结果对比

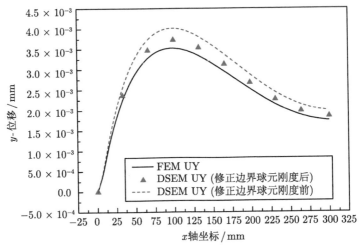

图 5.33　Lne I: y 方向位移结果对比

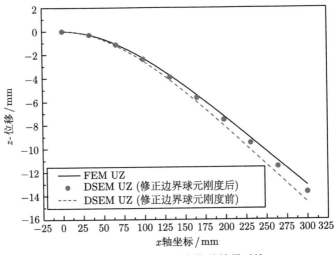

图 5.34　Lne I: z 方向位移结果对比

DSEM 采用球元和弹簧组成的离散系统模拟连续体结构的力学行为,计算得到的数值结果包括结构位移与内力等,与基于 FEM 的应变和应力概念不同,因此选取了薄板的截面内力进行 DSEM 与 FEM 的对比。该算例中薄板仅承受 z 方向的均布荷载,因此薄板的 x 方向和 y 方向的截面内力几乎为 0。薄板 z 方向截面内力的 DSEM 结果与 FEM 结果对比如表 5.1 所示。可以看到,DSEM 计算得到薄板截面内力与 FEM 结果吻合较好。对模型边界球元的弹簧刚度修正后,有效地减小了薄板弹塑性弯曲的 DSEM 模型的内力计算误差,与 FEM 结果相比,

DSEM 得到的截面内力最大误差从 3.81% 减小到 1.64%，提高了 DSEM 对连续体结构力学行为的计算精度。

表 5.1 z 方向截面内力比较

截面/mm	FEM 结果/N	DESM 结果/N		误差/%	
		刚度修正前	刚度修正后	刚度修正前	刚度修正后
$x=0$	4320	4480.27	4386.10	3.71	1.53
$x=50$	3586	3716.89	3639.07	3.65	1.48
$x=100$	2894	3002.24	2937.70	3.74	1.51
$x=150$	2160	2238.41	2190.89	3.63	1.43
$x=200$	1426	1480.33	1449.39	3.81	1.64
$x=250$	734	761.45	745.16	3.74	1.52

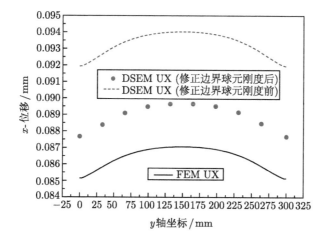

图 5.35 Lne II: x 方向位移结果对比

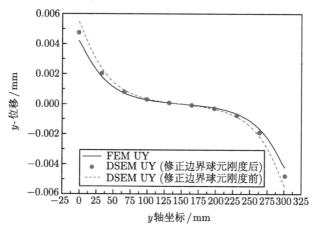

图 5.36 Lne II: y 方向位移结果对比

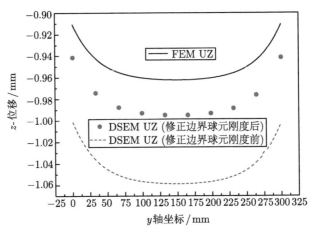

图 5.37　Lne II: z 方向位移结果对比

5.6.2　开裂薄板的屈曲分析

　　本算例为采用 DSEM 对拉力作用下开裂薄板的屈曲进行模拟分析。目的为考察 DSEM 计算结构存在位移场不连续情况时力学行为的准确性。采用 Seifi[195] 的试验结果与 DSEM 的模拟结果进行对比。薄板的裂缝尺寸和材料参数等情况如图 5.38 所示。薄板的长度为 0.24m，宽为 0.24m，厚度 t=1mm。薄板中间存在长为 a 的初始裂缝，裂缝与 x 坐标轴正方向逆时针的夹角为 θ。薄板的边界 $y = -0.12$m 固定，拉力荷载 F 作用在薄板的 $y = 0.12$m 边界上。薄板采用了铝的材料属性，弹性模型 $E = 70$GPa，泊松比 ν=0.3，材料密度 ρ=2700kg/m^3，屈服应力 σ_s=137MPa，极限强度为 183MPa。

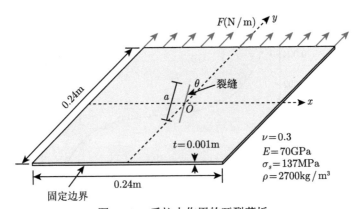

图 5.38　受拉力作用的开裂薄板

　　不同试件的裂缝长度与裂缝角度如表 5.2 所示。采用 DSEM 分别对以下几种裂缝情况进行了计算：初始裂缝的长度 a 与薄板的长度 w 的比值 a/w 分别为 0.5、0.6 和 0.7，裂缝角度分别为 $\theta=0°$、$15°$ 和 $30°$。

表 5.2　不同试件的裂缝长度与裂缝角度

试件	1	2	3	4	5	6	7	8	9
a/w	0.5	0.6	0.7	0.5	0.6	0.7	0.5	0.6	0.7
$\theta/(°)$	0	0	0	15	15	15	30	30	30

选取了试件 1 和试件 9 对薄板中初始裂缝的状态和相应的 DSEM 模型进行了详细介绍。试件 1 和试件 9 的初始裂缝配置详图如图 5.39 所示。可以看到，试件 1 中初始裂缝的长度为 0.12m，裂缝角度为 0°，裂缝长度与薄板边长之比为 0.5；试件 9 中初始裂缝的长度为 0.168m，裂缝角度为 30°，裂缝长度与薄板边长之比为 0.7。

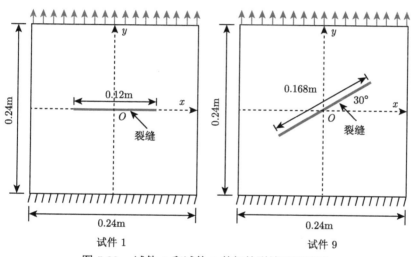

图 5.39　试件 1 和试件 9 的初始裂缝配置详图

试件 1 和试件 9 的 DSEM 模型如图 5.40 和图 5.41 所示。DSEM 模型中球元的半径 $r = 0.5$mm，沿着薄板厚度方向 z 轴划分为两层球元，两层球元均位于模型的边界上。可以发现，DSEM 在处理位移场不连续问题时具有较大的优势，由于 DSEM 的计算模型由球元和连接球元的弹簧组成，采用 DSEM 进行裂缝模拟时只需要将球元间的弹簧移除即可。

图 5.42 为在拉力作用下，采用 DSEM 计算得到的开裂薄板的屈曲变形结果，分别为 (a) 初始裂缝长度 $a/w = 0.5$，裂缝角度 $\theta=0°$；(b) 初始裂缝长度 $a/w = 0.5$，裂缝角度 $\theta=15°$；(c) 初始裂缝长度 $a/w = 0.7$，裂缝角度 $\theta=30°$，

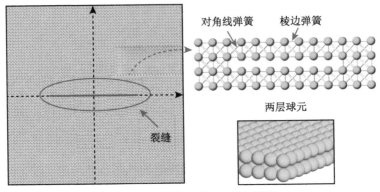

图 5.40　试件 1 的 DSEM 模型

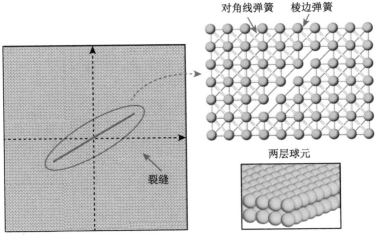

图 5.41　试件 9 的 DSEM 模型

图 5.42 中数值表示 z 方向位移。可以看到，开裂薄板在拉力作用下，在薄板裂缝的局部区域产生了平面外的鼓曲现象，DSEM 得到开裂薄板的屈曲形状与文献结果一致 [196]。

　　拉力作用下开裂薄板的荷载—位移曲线如图 5.44 ~ 图 5.46 所示。从图中可以看到，DSEM 的计算结果与文献结果吻合良好。

　　开裂薄板屈曲荷载的 DSEM 结果与文献结果如表 5.3 所示。从表中可以看出，与文献相比，DSEM 得到的屈曲荷载均略大于文献结果，屈曲荷载最大误差为 8.2%，大部分试件的屈曲荷载误差在 6% 以下。裂缝长度对开裂薄板屈曲荷载的影响如图 5.43 所示，当裂缝角度 $\theta=0°$、15° 和 30°，开裂薄板的屈曲荷载均随着裂缝长度的增加逐渐降低；当裂缝长度一致时，裂缝角度 $\theta=30°$ 的开裂薄板的

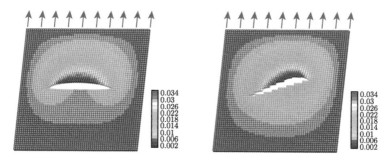

(a) 初始裂缝长度 $a/w=0.5$, 裂缝角度 $\theta=0°$　　　(b) 初始裂缝长度 $a/w=0.5$, 裂缝角度 $\theta=15°$

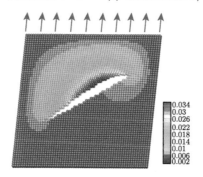

(c) 初始裂缝长度 $a/w=0.7$, 裂缝角度 $\theta=30°$

图 5.42　　开裂薄板的屈曲变形

屈曲荷载最大，其次是裂缝角度 $\theta=15°$ 的开裂薄板，裂缝角度 $\theta=0°$ 的开裂薄板的屈曲荷载最小。

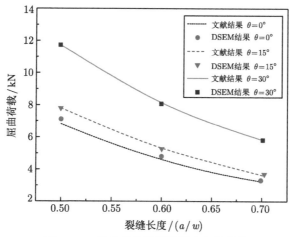

图 5.43　　屈曲荷载随裂缝长度变化曲线

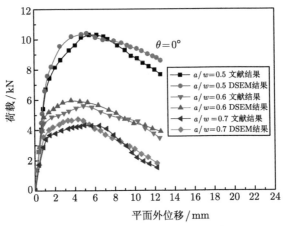

图 5.44　荷载—位移曲线 ($\theta=0°$)

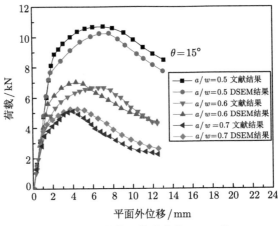

图 5.45　荷载—位移曲线 ($\theta=15°$)

表 5.3　开裂薄板屈曲荷载比较

试件	裂缝长度/(a/w)	裂缝角度/θ	DSEM 结果/kN	试验结果/kN	误差/%
1	0.5	0	7.11	6.82	4.3
2	0.6	0	4.81	4.59	4.7
3	0.7	0	3.53	3.25	8.5
4	0.5	15	8.09	7.81	3.6
5	0.6	15	5.57	5.28	5.5
6	0.7	15	3.90	3.62	7.7
7	0.5	30	12.05	11.74	2.6
8	0.6	30	8.40	8.08	3.9
9	0.7	30	5.97	5.82	5.6

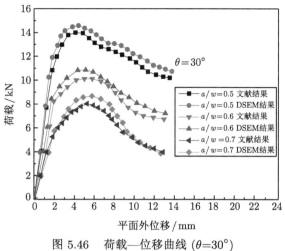

图 5.46   荷载—位移曲线 ($\theta=30°$)

5.7   本 章 小 结

DSEM 通过球元和弹簧构成的物理系统对连续体结构的力学行为进行计算，因此球元间的弹簧刚度对结构的力学行为有重要影响。DSEM 中球元呈规则排列，计算模型边界球元的弹簧刚度与模型内部球元的弹簧刚度不同。为了提高 DSEM 模拟连续体结构力学行为的精确度，本章对边界球元的弹簧刚度进行了严格地推导。将边界球元的弹簧刚度编入 DSEM 计算程序中，对薄板的弹塑性弯曲和开裂薄板的屈曲进行了计算分析。本章主要结论有：

(1) 本章将边界球元分为边界面球元、边界棱球元和边界角球元，基于能量守恒原理，对三类边界球元的弹簧刚度进行了推导，分别建立了三类边界球元的法向和切向弹簧刚度与弹性常数关系式。

(2) 选取了模型边界问题突出的薄板和带裂缝薄板进行了弹塑性弯曲分析。分析了 9 种不同配置的开裂薄板的屈曲行为，DSEM 得到荷载—位移曲线与文献结果吻合良好，展示了本章推导三类边界球元的法向和切向弹簧刚度的正确性。

第六章 离散实体单元法的断裂分析

6.1 引 言

材料断裂过程的分析研究一直以来是力学领域和材料学领域的热点和难点问题之一。材料的断裂过程一般包括以下几个阶段: (1) 材料的裂纹生成。① 由于环境 (疲劳、腐蚀介质、高温和联合作用) 的影响,在构件的应力集中处,经过一段使用时间产生宏观微小裂纹;② 材料中原来就存在缺陷;③ 在加工过程中产生裂纹。(2) 材料的裂纹扩展。在工作应力下,裂纹逐步扩展,达到临界长度,构件发生断裂。(3) 断裂传播。断裂穿过整个结构,使构件发生破坏。

材料断裂事故的发生往往导致严重的人员伤亡和财产损失,产生极大的社会影响。20 世纪 50 年代初,美国北极星导弹固体燃料发动机壳体在试验时发生爆炸 [197],材料为屈服强度为 $1372MN/m^2$ 的高强度合金,传统的强度和韧性指标全部合格,爆炸时的工作应力远低于材料的许用应力。事故后研究表明:破坏是由宏观裂纹引起的,裂纹起源是焊裂和晶界开裂等。1947 年苏联 $4500m^3$ 的大型石油储罐底部和下部的壳连接处 [198],在低温环境下形成大量裂纹,造成储罐的破坏。事故后分析认为:在储罐的焊接处,存在焊裂和未焊透引起的各种应力集中。美国国家标准局 (NBS) 的研究工作表明:如果充分利用现有的未来的先进断裂控制技术,那么经济损伤可以减少一半,即达到当年国内生产总值 2%~3% 的经济效益。断裂事故的防范是一个非常重要的问题,断裂问题的深入研究和实际应用有重大的工程意义。

1921 年和 1924 年,Griffith[199] 对脆性材料的断裂理论做出了开创性的研究。从能量角度出发,提出了裂纹失稳扩展条件:如果裂缝扩展释放的弹性应变能等于新裂纹形成的表面能时,则裂缝发生失稳扩展,通过分析建立了完全脆性材料的断裂强度和裂纹尺寸之间的关系。Irwin[200] 进一步提出了应力强度因子概念,将能量释放率与裂纹尖端应力强度因此联系起来。线弹性断裂以线弹性理论为基础,通常采用两种不同的观点处理断裂问题,即能量平衡观点和应力强度因子观点,从 20 世纪 60 年代发展至今,对脆性断裂能够做出定量分析,在裂纹扩展研究中取得了较好的结果。

对于线弹性材料,可以用线弹性断裂力学的理论研究其断裂问题。如果裂纹尖端附近的塑性区尺寸小于应力强度因子主导区尺寸及有关的几何尺寸,裂纹尖端塑性区内的应力应变场依然受应力强度因子场控制，对于这类小范围屈服问题仍然可以采用线弹性断裂力学的理论和方法，因为小范围屈服的塑性区对广大弹性区应力场的影响不大。但是对于中、低强度钢制造的结构、薄壁构件等，在工作状态下都可能在裂纹尖端附近产生大范围或全面的屈服，此时，必须考虑裂纹体的弹塑性行为，以及在弹塑性情况下裂纹的扩展规律和断裂准则。

1968 年 Rice[201] 和 Cherepanov[202] 提出了路径无关 J 积分，同年 Hutchinson[203]、Rise 和 Rosengren[204] 建立了著名的 HRR 理论，给出了硬化材料裂纹尖端应力场的 HRR 解，指出裂纹尖端附近应力具有 HRR 奇异性，奠定了 J 积分在弹塑性断裂力学中的主导地位。

弹塑性断裂问题一般很难得到解析解，因此数值方法很重要。实际结构中裂纹的扩展本质上是三维的，弹塑性断裂理论通常将三维问题简化为简单的二维问题才能解决，而试验验证很难完全实现实际的边界条件和荷载状态[205]。为了更加直观地再现材料中裂纹的产生、裂纹的扩展直至构件发生断裂的结构破坏全过程，采用数值方法统一描述结构系统的力学行为，实现连续介质的损伤断裂并向非连续介质的转化至结构破坏是当今计算固体力学研究的前沿课题之一。

目前，FEM 拥有成熟的理论和完善的商业软件已经在土木、机械和材料等领域广泛应用。由于传统 FEM 需要构建连续函数作为形函数，在进行结构力学行为分析时，需要维持结构计算域的完整连续体的功能平衡和位移场连续。当采用传统 FEM 解决结构的裂纹扩展问题时，结构不再是连续体，结构计算域不连续的特性会导致结构刚度矩阵奇异和计算不收敛等困难。另外，弹塑性材料的裂纹尖端附近存在应力奇异场，该应力奇异场内要求具有高密度的有限元网格，在裂纹扩展过程中需要不断进行网格的重新划分，使得传统 FEM 解决断裂问题非常复杂并且计算效率非常低。因此，为了解决传统 FEM 模拟结构的断裂问题，需要对其进行改进和修正。Nishioka[206] 将动态 J 积分技术引入到 FEM 中，提出了裂纹尖端网格自动生成算法，对材料的混合型断裂问题进行了裂缝动态扩展模拟。Lynn[207] 提出了自适应高斯变换积分 FEM，用于处理单元的断裂和接触问题，模拟了框架结构的断裂和倒塌。

6.2 离散单元法分析思路

DEM 作为非连续介质方法和无网格方法的代表之一，在解决材料的裂纹扩展、强非线性等复杂力学问题上显示出了强大的生命力。DEM 将材料离散为带有质量的球元，球元间通过弹簧连接，在接触力和外荷载作用下，球元根据牛顿第二定律进行运动，当球元间发生相对位移时，通过弹簧的本构关系方程，即接触本构方程进行球元间接触力的计算，之后接触力根据力系平移定律作用在球元上，并参与下一计算时步球元的运动计算。与 FEM 相比，DEM 特别适用于处理裂纹扩展问题的研究。裂纹扩展的 DEM 模型如图 6.1 所示。可以看到，由于 DEM 的计算物理系统由球元和弹簧组成，因此 DEM 可以通过简单地打断或移除球元间的弹簧，以非常直观的方式模拟裂纹的扩展，并且由于 DEM 属于无网格数值计算方法，当裂纹发展到一定程度结构发生断裂破坏时，DEM 能够非常容易地实现结构由连续体向非连续体的演变，能够对裂纹的产生、裂纹的扩展直至发生断裂破坏全过程进行模拟。

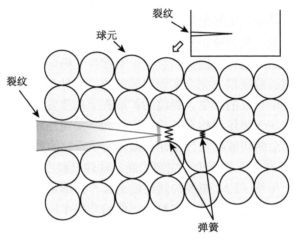

图 6.1　裂纹扩展的 DEM 模型

与连续体力学计算方法相比，DEM 方法避免了裂纹尖端附近的复杂应力场和位移场的计算，不用处理应力场奇异性的问题和计算裂缝的开裂角。DEM 解决材料的裂纹扩展和断裂问题是结构力学行为分析中一个自然的过程，不需要考虑复杂的裂纹执行方式。DEM 在计算过程中始终维持结构系统中的能量守恒，球元间弹簧的移除只改变球元的接触力，允许球元之间发生分离，不需要重新编码和进行网格修正，克服了 FEM 处理裂纹扩展问题的局限性。

近年来，DEM 已经应用于各种复合材料的开裂和裂纹扩展问题的研究中，包括单纤维复合材料[208]、双分散介质[209]和层压复合材料[210]等。Yang 等[211]和 Ma 等[212]分别采用 DEM 对微粘结试验和劈裂试验的动态开裂过程进行了模拟。Braun[213]和 Fernández[214]开发了二维 DEM 模型，用于研究脆性材料的动态断裂过程。Hentz[215]建立了混凝土 DEM 模型中断裂准则，用于研究混凝土材料的裂纹扩展问题。黄庆华[216]、王强[217]和吕西林[218]提出了钢筋混凝土框架结构的杆段多弹簧 DEM 模型，建立了单元间弹簧的破坏准则，以及对结构阻尼进行了讨论，考虑了杆件断裂的影响，对剪切型框架结构在地震作用下的非线性响应和结构破坏倒塌问题进行了仿真研究。目前的研究文献表明，DEM 是一种解决裂纹动态扩展和断裂问题的强大有效的数值计算方法。

　　本章的主要目的为研究 DESM 解决连续体结构的断裂问题，主要包括裂纹的开裂与裂纹的扩展。在 DESM 的几何大变形和强材料非线性计算的基础上，建立了连续体结构的断裂模型，开发了断裂计算子程序，实现了连续体结构的复合裂纹动态扩展的全过程仿真。本章主要内容包括：(1) 介绍了裂缝的类型，分别为张开型、滑移型和撕开型。(2) 给出了连续介质的裂纹扩展准则，主要有最大应力准则、应变能密度准则和应变能释放率准则。(3) 基于断裂能量和应变能释放率建立了适用于线弹性断裂和弹塑性断裂的双线性软化模型和三线性软化模型。(4) 最后采用 DESM 的断裂计算程序对双悬臂梁试验和复合裂纹的动态扩展进行了分析，验证了断裂模型的有效性和合理性，展示了 DESM 处理连续体结构断裂问题的优势与能力。

6.3　裂纹的类型

　　在建立 DESM 断裂模型前，首先介绍裂纹的基本类型。在经典断裂力学中，按裂纹的受力状态，将裂纹分为三种基本类型，如图 6.2 所示。

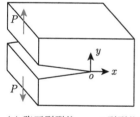 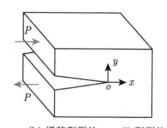 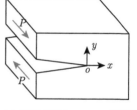

(a) 张开型裂纹——I 型裂纹　　　(b) 滑移型裂纹——II 型裂纹　　　(c) 撕开型裂纹——III 型裂纹

图 6.2　裂纹的基本类型

　　1) 张开型裂纹——I 型裂纹

　　如图 6.2(a) 所示，张开型裂纹受垂直于上、下裂纹面的拉力作用，张开型裂纹的扩展方向与拉力 P 的方向垂直。张开型裂纹是结构工程中最常见也是最危险的一种裂纹形式。

　　2) 滑移型裂纹——II 型裂纹

　　如图 6.2(b) 所示，滑移型裂纹受平行于上、下裂纹面而垂直于裂纹前缘的剪力作用，滑移型裂纹的扩展方向与剪力 P 方向平行。滑移型裂纹主要存在于构件受剪力作用的受剪平面上。

3) 撕开型裂纹——III 型裂纹

如图 6.2(c) 所示，撕开型裂纹受既平行于上、下裂纹面又平行于裂纹前缘的剪力作用，撕开型裂纹的扩展方向与剪力 P 方向垂直。

6.4   基于连续介质力学的裂纹扩展准则

解决断裂问题的关键是建立正确有效的裂纹开裂准则，从而判断裂纹的产生，最终实现材料从连续体转化为非连续体。为了实现裂纹的动态扩展。在经典断裂力学中主要解决以下两个问题：(1) 裂纹沿什么方向开裂，即开裂角的确定；(2) 裂纹在什么条件下开裂，即断裂准则的建立。

从宏观连续介质力学的观点出发，国内外学者提出了各种断裂准则，这些断裂准则主要从以下三个方面分析：(1) 以位移为参数；(2) 以能量为参数；(3) 以应力为参数。这些参数虽有一定的联系，但是由于研究的角度和观点不同，对宏观断裂机理的解释不同，因而所得的断裂结果有一定的差异。下面介绍几种典型的断裂准则。

6.4.1   最大应力准则

1963 年 Erdogan[219] 用树脂玻璃板进行了 I-II 复合型裂纹试验，结果表明脆性材料在 II 型裂纹的变形状态下，裂纹沿与原裂纹平面约成 70° 的方向扩展，这个方向非常接近裂纹尖端周向应力达到最大值的方向，于是提出了最大周向应力复合型断裂准则，简称为最大应力准则。该准则的基本假设为：(1) 裂纹沿最大周向应力 $\sigma_{\theta,\max}$ 的方向开裂；(2) 当该方向的周向应力达到临界值时，裂纹发生失稳扩展。

直角坐标和极坐标下裂纹尖端附近的应力分量如图 6.3 所示，裂纹尖端的周向应力可表示为

$$\sigma_\theta = \frac{1}{\sqrt{2\pi r}} \cos\frac{\theta}{2} \left(K_\mathrm{I} \cos^2\frac{\theta}{2} - \frac{3}{2} K_\mathrm{II} \sin\theta \right) \tag{6.1}$$

式中，r 为径向坐标，θ 为角坐标，K_I 和 K_II 分别为 I 型裂纹和 II 型裂纹的应力强度因子。

裂纹的扩展方向由下式确定：

$$\frac{\partial \sigma_\theta}{\partial \theta} = 0; \quad \frac{\partial^2 \sigma_\theta}{\partial \theta^2} < 0 \tag{6.2}$$

将式 (6.1) 代入式 (6.2) 得

$$K_\mathrm{I} \sin\theta + K_\mathrm{II}(3\cos\theta - 1) = 0 \tag{6.3}$$

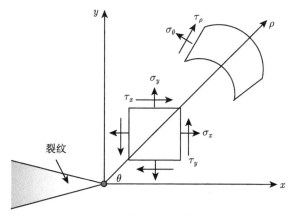

图 6.3 裂纹尖端的直角坐标和极坐标的应力分量

由式 (6.3) 知道，只要知道裂纹尖端的应力强度因子 K_{I} 和 K_{II}，就可以求得开裂角，开裂角用 θ_0 表示，以开裂角 θ_0 为未知数求解式 (6.3) 得

$$\theta_0 = \mathrm{arcos} \frac{3K_{\mathrm{II}}^2 \pm \sqrt{K_{\mathrm{I}}^4 + 8K_{\mathrm{I}}^2 K_{\mathrm{II}}^2}}{K_{\mathrm{I}}^2 + 9K_{\mathrm{II}}^2} \tag{6.4}$$

最大应力准则实际上是以裂纹尖端为圆心的同心圆上比较周向应力得出的准则，该准则没有综合考虑其他应力分量的作用，在 II 型裂纹成分不大时较符合试验结果。但是，当 II 型裂纹成分较大时，特别是纯 II 型裂纹时，最大应力准则的计算结果与试验结果相差较大。

6.4.2 应变能密度因子准则

以能量为参数判断裂纹失稳扩展的断裂准则包括应变能密度因子准则和应变能释放率准则。

1974 年 Sih[220] 等提出了应变能密度因子准则，认为复合型裂纹扩展的临界条件取决于裂纹尖端区的能量状态和材料性能 [221]。该准则综合考虑了裂纹尖端附近 6 个应力分量的作用，计算出裂纹尖端附近局部的应变能密度，在以裂纹尖端为圆心的同心圆上比较局部的应变能密度，从而判断裂纹的失稳扩展。

弹性体的应变能密度可表示为

$$W = \frac{1}{2E}(\sigma_x^2 + \sigma_y^2 + \sigma_z^2) - \frac{\nu}{E}(\sigma_x\sigma_y + \sigma_y\sigma_z + \sigma_x\sigma_z) + \frac{1+\nu}{E}(\tau_{xy}^2 + \tau_{yz}^2\tau_{xz}^2) \tag{6.5}$$

对于复合型裂纹，裂纹尖端的应力状态可表示为

$$\sigma_x = \frac{K_{\mathrm{I}}}{\sqrt{2\pi r}}\cos\frac{\theta}{2}\left(1 - \sin\frac{\theta}{2}\sin\frac{3\theta}{2}\right) - \frac{K_{\mathrm{II}}}{\sqrt{2\pi r}}\sin\frac{\theta}{2}\left(2 + \cos\frac{\theta}{2}\cos\frac{3\theta}{2}\right)$$

$$\sigma_y = \frac{K_{\mathrm{I}}}{\sqrt{2\pi r}}\cos\frac{\theta}{2}\left(1 + \sin\frac{\theta}{2}\sin\frac{3\theta}{2}\right) + \frac{K_{\mathrm{II}}}{\sqrt{2\pi r}}\sin\frac{\theta}{2}\cos\frac{\theta}{2}\cos\frac{3\theta}{2}$$

$$\tau_{xy} = \frac{K_{\mathrm{I}}}{\sqrt{2\pi r}}\sin\frac{\theta}{2}\cos\frac{\theta}{2}\cos\frac{3\theta}{2} + \frac{K_{\mathrm{II}}}{\sqrt{2\pi r}}\cos\frac{\theta}{2}\left(1 - \sin\frac{\theta}{2}\sin\frac{3\theta}{2}\right)$$

$$\sigma_z = 2\nu\frac{K_{\mathrm{I}}}{\sqrt{2r}}\cos\frac{\theta}{2} - 2\nu\frac{K_{\mathrm{II}}}{\sqrt{2r}}\sin\frac{\theta}{2}$$

$$\tau_{xz} = -\frac{K_{\mathrm{III}}}{\sqrt{2r}}\sin\frac{\theta}{2}$$

$$\tau_{yz} = \frac{K_{\mathrm{III}}}{\sqrt{2r}}\cos\frac{\theta}{2} \tag{6.6}$$

将式 (6.6) 代入式 (6.5)，经整理得裂纹尖端附近的应变能密度为

$$W = \frac{1}{r}(a_{11}K_{\mathrm{I}}^2 + 2a_{12}K_{\mathrm{I}}K_{\mathrm{II}} + a_{22}K_{\mathrm{II}}^2 + a_{33}K_{\mathrm{III}}^2) \tag{6.7}$$

$$a_{11} = \frac{1+\nu}{8}(1 + \cos\theta)(k - \cos\theta)$$

$$a_{12} = \frac{1+\nu}{8}\sin\theta(2\cos\theta - k + 1)$$

$$a_{22} = \frac{1+\nu}{8}(k - 1)(1 - \cos\theta) + (1 + \cos\theta)(3\cos\theta - 1) \tag{6.8}$$

$$a_{33} = \frac{1+\nu}{2E}$$

式中，k 为 Kolosove 常数，平面应力状态下 $k = (3 - \nu)(1 + \nu)$，平面应变状态下 $k = 3 - 4\nu$，ν 为材料泊松比。

令 $S = a_{11}K_{\mathrm{I}}^2 + 2a_{12}K_{\mathrm{I}}K_{\mathrm{II}} + a_{22}K_{\mathrm{III}}^2 + a_{33}K_{\mathrm{III}}^2$，$S$ 即称为应变能密度因子，应变能密度因子描述的是以裂纹尖端为圆心半径为 r 范围内的应变能密度。应变能密度因子准则的基本假定为：(1) 裂纹沿 S 最小值方向裂开；(2) 当 S(在开裂方向) 达到临界值时，裂纹发生失稳扩展。由假设 (1) 可知，裂纹开裂的方向必须满足以下条件：

$$\frac{\partial S}{\partial \theta} = 0, \quad \frac{\partial^2 S}{\partial \theta^2} < 0 \tag{6.9}$$

求得开裂角后 θ_0，将 θ_0 代入式 (6.7)，由假设 (2) 可知，当 $S_{\min} = S(\theta_0) = S_{\mathrm{c}}$

时，裂纹开始扩展。S_c 属于材料常数，标志材料抵抗裂纹扩展的能力，通过试验测定。

6.4.3 应变能释放率准则

20 世纪 20 年代初，Griffith 首先提出了裂纹扩展的应变能释放率准则，后将学者 Palaniswamy[222]、Bilby[223] 和 Lo[224] 等发展，该准则已经得到了广泛的认可。应变能释放率 G 可以看作是试图驱动裂纹扩展的原动力，又称为裂纹扩展力。图 6.4 为裂纹扩展模型的示意图，如果应变能释放率恰好等于形成新裂纹表面所需要吸收的能量率，则裂纹达到临界状态，此时稍有干扰，裂纹就会自行扩展，成为不稳定状态；如果吸收的能量率大于应变能释放率，则裂纹稳定；如果应变能释放率大于吸收的能量率，则裂纹为不稳定状态。应变能释放率准则的假设为：

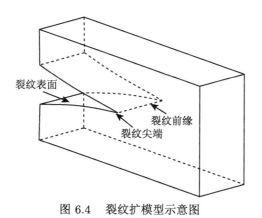

图 6.4　裂纹扩模型示意图

(1) 裂纹沿着应变能释放率达到最大值的方向进行扩展，裂纹的开裂角 $\theta = \theta_0$ 由下式确定：

$$\frac{\partial G_\theta}{\partial \theta} = 0, \quad \frac{\partial^2 G_\theta}{\partial \theta^2} < 0 \tag{6.10}$$

(2) 当在开裂方向 $(\theta = \theta_0)$ 上的应变能释放率达到临界值时，裂纹开始扩展，即

$$G_{\theta=\theta_0} = G_{\text{IC}} \tag{6.11}$$

式中，G_{IC} 为与材料性能有关的参数，称为临界能量释放率，又称为裂纹扩展阻力。

由于应变能释放率准则的裂纹开裂判断考虑了裂纹尖端塑性区的能量释放率[225]，因此该准则对线弹性和弹塑性断裂都适用。

6.5　离散单元法的裂纹扩展准则

　　DEM 已经被证明是处理裂纹动态扩展问题的最有效的数值方法之一。在
DEM 中，为了准确有效地模拟裂纹的扩展，建立球元间接触弹簧的断裂准则是
关键点。各国学者对此展开了大量的研究工作，根据研究问题和材料的不同，建
立了多种断裂准则和相应的 DEM 断裂模型。

　　叶继红教授和齐念[226]建立了 DEM 杆系结构的纤维断裂模型，如图 6.5 所
示。根据构件截面的高斯积分点分布，将截面划分为多根纤维单元进行计算，每
个积分点设置一根弹簧，假定每根纤维处于单轴受力状态。通过定义纤维的极限
轴向应变 ε_u，当截面上计算得到的纤维应变 ε 超过极限应变，则与积分点对应的
轴向弹簧发生断裂，

$$\varepsilon \geqslant \varepsilon_u \tag{6.12}$$

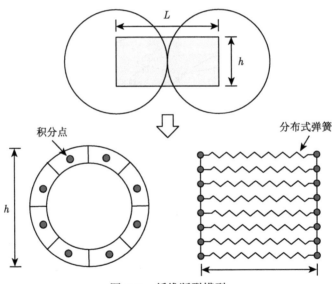

图 6.5　纤维断裂模型

　　方韬[227]对 Hakuno[228]和 Utagawa[229]提出的 DEM 模型进行了改进，通
过定义球元间法向弹簧的极限拉力和切向弹簧的极限剪切力，当弹簧内的拉力和
剪切力超过极限值时，法向弹簧和切向弹簧发生断裂，从而建立了混凝土的 DEM
模型，将其应用于混凝土结构的断裂倒塌研究中。

　　目前，在 DEM 中普遍认可的描述弹簧断裂的模型为软化模型。在软化模型
中，一般包括接触力线性增长阶段与接触力软化阶段，通过定义球元间接触力与

相对位移之间的关系式判断球元间法向弹簧和切向弹簧的断裂，从而实现裂纹的动态扩展。

Davie 等[230] 建立了线弹性软化模型，将其应用于准脆性材料的裂纹扩展研究中。Mohammadi 等[231] 采用 DEM 的弹簧软化模型模拟了复合材料中裂纹的扩展。Bazant 等[232] 将混凝土的张拉应变软化曲线引入 DEM 模型中，建立了混凝土的 DEM 弥撒裂纹模型。Kosteski[233] 和 Nayfeh[234] 基于 DEM 原理提出了晶格离散元方法 (Lattice Discrete Element Method, LDEM)，引入非线性软化模型研究材料的损伤。可以看到，软化模型已经广泛应用于 DEM 的断裂模型研究中。

6.6　离散实体单元法的断裂模型

采用 DSEM 模拟连续体结构的裂纹开裂与扩展，最重要的问题是建立正确合理的弹簧断裂准则。除了需要通过断裂准则判断弹簧的断裂，DSEM 解决裂纹扩展问题的计算流程与大变形、强材料非线性等问题的流程基本一致，在本质上没有加大求解问题的难度。由 DSEM 的计算原理可知，作用在单个球元上的接触力来自两个球元间弹簧的作用力，因此，当球元间的弹簧断裂后，需要将该弹簧的作用力设置为零，从而更新球元在下一时步运动计算中的接触力。

在 DSEM 计算程序中，将断裂分析模块编写为单独的子程序，通过调用断裂子程序解决结构的裂纹动态扩展问题，DSEM 的主程序保持不变，提高了 DSEM 断裂计算的效率。

本章从连续体力学中应变能释放率准则的基本原理出发，结合弹簧的接触力—接触位移软化模型，分别建立了线弹性材料和弹塑性材料的 DSEM 的双线性和三线性软化模型。基于材料的断裂能量给出了弹簧完整的损伤演化规律，推导了软化曲线各个特征点的接触力和相应的接触位移，给出了法向弹簧和切向弹簧的断裂准则，实现了复合型裂纹的动态扩展，下面对双线性和三线性软化模型进行详细的介绍与推导。

6.6.1　双线性软化模型

图 6.6 和图 6.7 分别为解决线弹性材料断裂的法向弹簧和切向弹簧的双线性软化模型。如图 6.6 和图 6.7 所示，法向弹簧和切向弹簧的双线软化模型包括接触力—接触位移的弹性阶段与软化阶段。图中，$F_{n,\max}$ 和 $F_{s,\max}$ 分别为材料处于弹性阶段时的法向接触力和切向接触力的极限值，此时对应的球元间的法向位移和切向位移分别为 $u_{n,e}$ 和 $u_{s,e}$，$u_{n,\max}$ 和 $u_{s,\max}$ 分别为材料处于软化阶段时球元间的法向位移和切向位移的极限值。

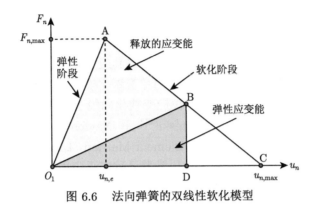

图 6.6　法向弹簧的双线性软化模型

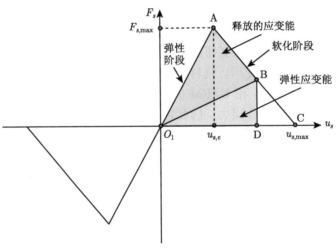

图 6.7　切向弹簧的双线性软化模型

线弹性材料断裂的 DSEM 双线性软化模型可描述为：当法向弹簧或切向弹簧的接触力线性增长到极限值 $F_{n,\max}$ 或 $F_{s,\max}$ 时，球元间接触力开始进入软化阶段并持续降低，当法向接触力或切向接触力减小到零，球元间的法向相对位移和切向相对位移达到极限值 $u_{n,\max}$ 和 $u_{s,\max}$ 时，法向弹簧和切向弹簧发生断裂，此时裂纹在球元间的界面处开裂并开始扩展，如图 6.8 所示。

根据材料断裂的应变能释放率准则，三角形 $O_1\mathrm{AC}$ 的面积为弹簧影响区域内材料断裂必需的能量。在法向弹簧或切向弹簧的双线性软化模型上任取一点 B，则三角形 $O_1\mathrm{BD}$ 的面积为贮存在材料体内的弹性应变能，三角形 $O_1\mathrm{AB}$ 的面积为裂纹扩展过程中材料释放的应变能，对于线弹性材料，材料释放的应变能主要用于形成裂纹表面所需的表面能。只有当材料释放的应变能等于材料需要的断裂

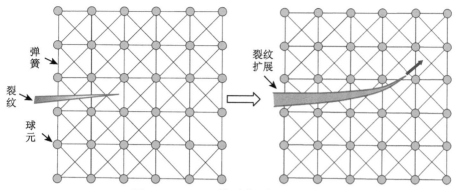

图 6.8 DSEM 模型裂纹扩展示意图

能量时, 裂纹才能发生失稳扩展, 即三角形 O_1AB 的面积等于三角形 O_1AC 的面积。

对于法向弹簧受拉断裂和切向弹簧受剪断裂两种情况, DSEM 双线性软化模型中裂纹扩展时的应变能释放率可表示为

$$
\begin{aligned}
G_{\mathrm{IC}} &= \int_0^{u_u} \frac{F_n(u_n)}{s}\mathrm{d}u_n = \frac{1}{2}\frac{F_{n,\mathrm{max}}}{s}u_{n,\mathrm{max}} \\
G_{\mathrm{IIC}} &= \int_0^{u_s} \frac{F_s(u_s)}{s}\mathrm{d}u_s = \frac{1}{2}\frac{F_{s,\mathrm{max}}}{s}u_{s,\mathrm{max}}
\end{aligned}
\tag{6.13}
$$

式中, $s = \pi r^2$, r 为球元的半径, G_{IC} 和 G_{IIC} 为断裂韧度。

当法向接触力和切向接触力达到极限值 $F_{n,\mathrm{max}}$ 和 $F_{s,\mathrm{max}}$, 法向弹簧和切向弹簧的断裂模型进入软化阶段。根据 DSEM 弹性计算的接触本构方程, $F_{n,\mathrm{max}}$ 和 $F_{s,\mathrm{max}}$ 可表示为

$$
\begin{aligned}
F_{n,\mathrm{max}} &= k_n \cdot u_{n,e} \\
F_{s,\mathrm{max}} &= k_s \cdot u_{s,e}
\end{aligned}
\tag{6.14}
$$

将式 (6.14) 代入式 (6.13), 可得软化阶段最大法向位移 $u_{n,\mathrm{max}}$ 和最大切向位移 $u_{s,\mathrm{max}}$ 分别为

$$
\begin{aligned}
u_{n,\mathrm{max}} &= \frac{2sG_{\mathrm{IC}}}{k_n\, u_{n,e}} \\
u_{s,\mathrm{max}} &= \frac{2sG_{\mathrm{IIC}}}{k_s\, u_{s,e}}
\end{aligned}
\tag{6.15}
$$

式中, 弹性阶段的法向弹簧和切向弹簧的极限位移由材料的本构关系决定。

6.6.2　三线性软化模型

双线性软化模型不能解决弹塑性材料的断裂问题，因此，本书建立了适用于弹塑性材料断裂的 DSEM 三线性软化模型。

图 6.9 和图 6.10 分别为解决弹塑性材料断裂的法向弹簧和切向弹簧的三线性软化模型。如图 6.9 和图 6.10 所示，法向弹簧和切向弹簧的三线软化模型包括接触力—接触位移的弹性阶段、强化阶段和软化阶段。图中，$F_{n,e}$ 和 $F_{s,e}$ 分别为材料处于弹性阶段时法向接触力与切向接触力极限值，$F_{n,h}$ 和 $F_{s,h}$ 分别为材料处于强化阶段时法向接触力与切向接触力的极限值，此时球元间的法向位移和切向位移分别为 $u_{n,h}$ 和 $u_{s,h}$，其余字母含义同双线性软化模型。

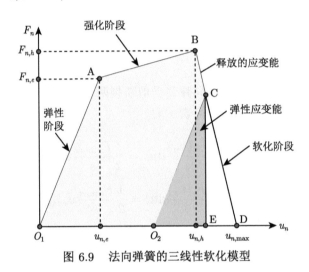

图 6.9　法向弹簧的三线性软化模型

弹塑性材料断裂的 DSEM 三线性软化模型可描述为：当法向弹簧或切向弹簧的接触力弹性增长到极限值 $F_{n,e}$ 或 $F_{s,e}$ 时，球元间接触力开始进入强化阶段，球元间法向接触力和切向接触力继续增加至强化阶段最大值 $F_{n,h}$ 和 $F_{s,h}$ 时，球元间接触力进入软化阶段，球元间法向接触力和切向接触开始下降至零，此时法向位移和切向达到软化阶段最大值 $u_{n,\max}$ 和 $u_{s,\max}$，法向弹簧和切向弹簧发生断裂，球元开始发生分离，裂纹在球元间的界面处开裂并开始扩展。

同双线性软化模型的断裂机理一致，三线性软化模型同样基于材料断裂的应变能释放率准则。如金属等弹塑性材料在裂纹扩展过程中，裂纹尖端附近局部产生塑性变形，裂纹扩展时，金属材料释放的应变能，不仅用于形成裂纹表面吸收的表面能，更重要的是克服扩展裂纹所需要吸收的塑性功。如图 6.9 和图 6.10 所示，四边形 O_1ABD 的面积为弹簧影响区域内材料断裂必需的能量。在法向弹簧或切向弹簧的三线性软化模型上任取一点 C，则三角形 O_2CE 的面积为贮存在材

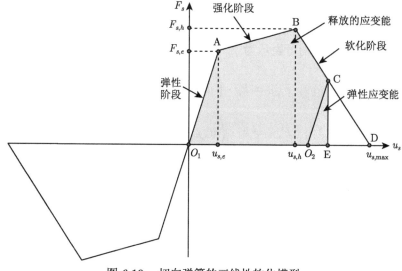

图 6.10 切向弹簧的三线性软化模型

料体内的弹性应变能，五边形 $O_1\text{ABC}O_2$ 的面积为裂纹扩展过程中材料释放的应变能，包括形成裂纹表面所需的表面能，以及裂纹扩展所需的塑性变形能。材料抵抗裂纹扩展的能力是一个常数，只有应变能释放率大于此常数时，裂纹才能失稳扩展，即五边形 $O_1\text{ABC}O_2$ 的面积等于四边形 $O_1\text{ABD}$ 的面积。

对于法向弹簧受拉断裂和切向弹簧受剪断裂两种情况，DSEM 三线性软化模型中裂纹扩展时的应变能释放率可表示为

$$
\begin{aligned}
G_{\text{IC}} &= \int_0^{u_u} \frac{F_n(u_n)}{s} \mathrm{d}u_n \\
&= \frac{1}{2}\frac{F_{n,e}}{s}u_{n,e} + \frac{1}{2}\frac{(F_{n,e}+F_{n,h})}{s}(u_{n,h}-u_{n,e}) + \frac{1}{2}\frac{F_{n,h}}{s}(u_{n,\max}-u_{n,h}) \\
G_{\text{IIC}} &= \int_0^{u_s} \frac{F_s(u_s)}{s} \mathrm{d}u_s \\
&= \frac{1}{2}\frac{F_{s,e}}{s}u_{s,e} + \frac{1}{2}\frac{(F_{s,e}+F_{s,h})}{s}(u_{s,h}-u_{s,e}) + \frac{1}{2}\frac{F_{s,h}}{s}(u_{s,\max}-u_{s,h})
\end{aligned}
$$

$$(6.16)$$

当材料处于弹性阶段时，三线性软化模型弹性阶段的法向接触力和切向接触力的极限值 $F_{n,e}$ 和 $F_{s,e}$ 分别为

$$
\begin{aligned}
F_{n,e} &= k_n \cdot u_{n,e} \\
F_{s,e} &= k_s \cdot u_{s,e}
\end{aligned}
$$

$$(6.17)$$

　　当法向接触力和切向接触力超过弹性阶段极限值时，法向弹簧和切向弹簧的断裂模型进入强化阶段，强化阶段三线性软化模型的法向接触力和切向接触力的极限值 $F_{n,h}$ 和 $F_{s,h}$ 分别可表示为

$$F_{n,h} = k_n \cdot \left(u_{n,h} - \mathrm{d}\lambda \frac{\partial \phi}{\partial F_n} \right)$$
$$F_{s,h} = k_s \cdot \left(u_{s,h} - \mathrm{d}\lambda \frac{\partial \phi}{\partial F_s} \right)$$

(6.18)

式中，ϕ 为塑性材料的 DSEM 屈服函数，$\mathrm{d}\lambda$ 为塑性比例系数，本章建立的弹塑性三线性软化模型适用于第四章建立的理想弹塑性与等向强化弹塑性本构模型，详细推导过程与计算公式见第四章内容。

　　将式 (6.17) 和式 (6.18) 代入式 (6.16)，可到三线性软化模型的软化阶段最大法向位移 $u_{n,\max}$ 和最大切向位移 $u_{s,\max}$ 分别为

$$u_{n,\max} = \frac{2sG_{\mathrm{IC}} - \mathrm{d}\lambda \dfrac{\partial \phi}{\partial F_n} u_{n,e}}{k_n \, u_{n,h} - \mathrm{d}\lambda \dfrac{\partial \phi}{\partial F_n}}$$

$$u_{s,\max} = \frac{2sG_{\mathrm{IIC}} - \mathrm{d}\lambda \dfrac{\partial \phi}{\partial F_s} u_{s,e}}{k_s \, u_{s,h} - \mathrm{d}\lambda \dfrac{\partial \phi}{\partial F_s}}$$

(6.19)

6.7　构件断裂分析与验证

6.7.1　双悬臂梁裂缝开展试验模拟

　　本算例为采用 DSEM 对双悬臂梁试验进行模拟分析。目的为验证本书建立的软化模型的正确性，考察 DSEM 处理连续体结构裂纹动态扩展问题的有效性，与文献 Sheng[235] 和 Ji[236] 的计算结果对比，分析 DSEM 裂纹扩展模拟结果的精确度。双悬臂梁试件的预留裂缝长度、几何参数和边界条件如图 6.11 所示。双悬臂梁试件的几何尺寸为 6mm×45mm×3mm，在双悬臂梁的悬臂端中间位置预留长度 a_0=13mm 的初始裂缝，通过移除球元间的弹簧生成预留裂缝。双悬臂梁试件的材料属性为：弹性模型 $E = 9\mathrm{GPa}$，泊松比 v=0.24，断裂韧度 G_{IC}=0.28N/mm。双悬臂梁的右端固定，左端悬臂端施加上下对称拉力荷载从而使裂缝以 I 型裂缝的形式从双悬臂梁试件的左端悬臂端向右端固定端进行扩展，如图 6.12 所示，在裂缝的扩展过程中，试件从中间位置逐渐发生脱离，当裂纹完全扩展到固定端时形成两个独立的悬臂梁构件，因此该裂纹扩展试验称为双悬臂试验。

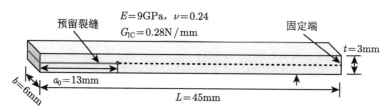

图 6.11 双悬臂梁试件几何尺寸

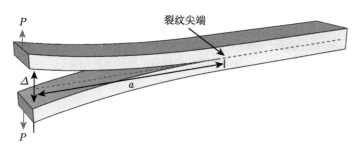

图 6.12 双悬臂梁试件的裂纹状态

双悬臂梁试件的 DSEM 计算模型如图 6.13 所示。模型包括两个完全相同的材料层。预留裂缝沿着材料层 ① 和材料层 ② 的界面处，材料层 ① 和材料层 ② 之间的弹簧采用双线性软化模型，随着裂缝的扩展，材料层 ① 和材料层 ② 逐渐发生分离。DSEM 模型沿着坐标 z 轴划分为四层球元，每层材料层各包含两层球元，球元的半径 $r = 0.375\text{mm}$。

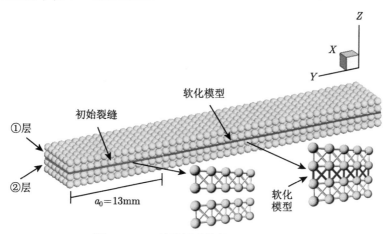

图 6.13 双悬臂梁试件的 DSEM 模型

图 6.14 为双悬臂梁试件裂缝扩展的试验结果，图 6.15 为双悬臂梁试件裂缝扩展的 DSEM 结果。从图中可以看到，DSEM 能够有效地实现 I 型裂缝在双

悬臂梁试件中的扩展过程，与试验中双悬臂梁试件的裂缝扩展过程相同。在试件

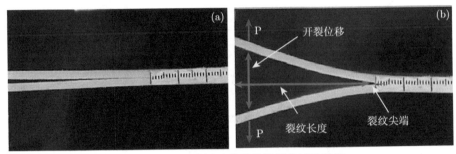

图 6.14　双悬臂梁试件裂缝扩展的试验结果

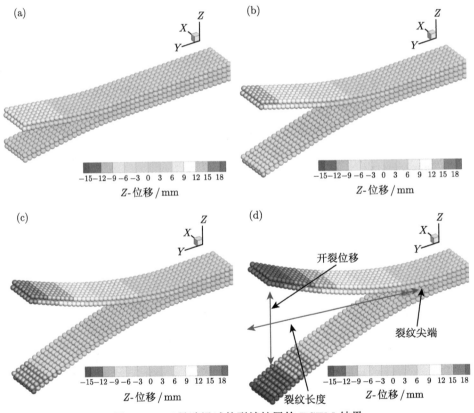

图 6.15　双悬臂梁试件裂缝扩展的 DSEM 结果

悬臂端上下对称拉力荷载作用下，双悬臂梁的裂缝长度与开裂位移逐渐增加。随着裂缝开裂位移的增加，裂纹尖端球元间的弹簧在软化模型下进入接触力—接触

位移软化阶段，当接触力下降到零，接触位移达到软化阶段极限值时，弹簧发生断裂。随着裂缝尖端弹簧的断裂，裂缝以 I 型裂缝的形式从双悬臂梁试件的左端向右端开始扩展，直至形成两个独立的悬臂梁构件。

为了研究球元数量对 DSEM 裂缝扩展模拟结果的影响，本书分别建立了双悬臂梁试件沿坐标 z 轴的两层球元、四层球元和六层球元的 DSEM 模型，如图 6.16 ~ 图 6.18 所示。

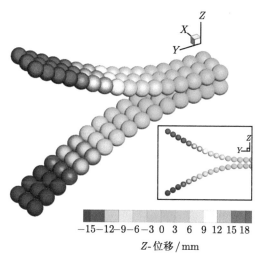

$$-15 -12 -9 -6 -3\ 0\ 3\ 6\ 9\ 12\ 15\ 18$$

Z-位移 /mm

图 6.16 两层球元 DSEM 模型

在两层球元模型中，材料层 ① 和材料层 ② 仅由单层球元组成，球元的半径为 $r = 0.75\mathrm{mm}$，模型中球元总量为 96。在四层球元模型中，如前文所述，材料层 ① 和材料层 ② 各由两层球元组成，球元的半径 $r = 0.375\mathrm{mm}$，模型中球元总量为 1288。在六层球元模型中，材料层 ① 和材料层 ② 各由三层球元组成，球元的半径 $r = 0.25\mathrm{mm}$，模型中球元总量为 5016。采用三种 DSEM 模型对双悬臂梁试件的断裂进行了模拟，裂纹扩展结果如图 6.16 ~ 图 6.18 所示。可以看到，三种模型所得的双悬臂梁裂缝扩展结果基本一致。

在裂缝扩展过程中，双悬臂梁试件的荷载—位移曲线如图 6.19 所示，裂缝长度—开裂位移曲线如图 6.20 所示。从图中可以看到，DSEM 所得结果与文献结果吻合良好。在双悬臂梁的荷载—位移曲线中，各曲线趋势与荷载峰值基本一致，其中文献的峰值荷载约为 51.74N，DSEM 的双层球元模型的峰值荷载为 64.64N，四层球元模型的峰值荷载为 54.89N，六层球元模型的峰值荷载为 52.46N。在双悬臂梁的裂纹长度—开裂位移曲线中，当开裂位移达到 20mm 时，文献的裂纹长度为 39.92mm，双层球元、四层球元和六层球元模型的裂纹长度分别为 42.12mm、

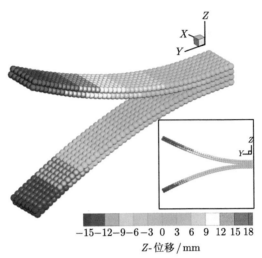

图 6.17　四层球元 DSEM 模型

39.49mm 和 38.42mm。可以看到，与文献、四层球元模型和六层球元模型结果相比，由于双层球元的材料层仅有单层球元构成，双层球元模型所得结果误差较大。

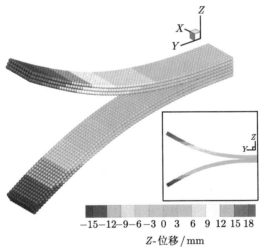

图 6.18　六层球元 DSEM 模型

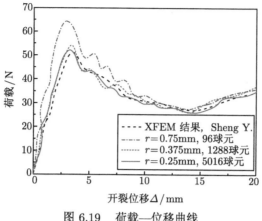

图 6.19 荷载—位移曲线

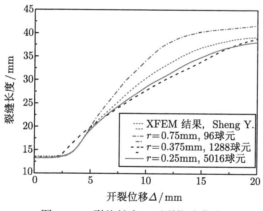

图 6.20 裂纹长度—开裂位移曲线

6.7.2 不对称集中荷载作用下圆管的裂纹动态扩展

本算例为采用 DSEM 对开裂圆管的裂纹动态扩展进行研究。目的为考察 DSEM 解决连续体结构复合裂纹扩展的能力。开裂圆管的几何尺寸如图 6.21 所示。圆管的长度为 100mm，半径 $R = 25$mm，厚度 $t = 1$mm，底部将其固定。在圆管的自由端，沿着圆管的轴向方向有长度 $a = 40$mm 的预留裂缝，在距离初始裂缝为 d 处施加集中力 P，所以该圆管承受不对称的集中荷载，采用 DSEM 对圆管复合裂缝的扩展路径、扩展速度等进行分析。材料参数：断裂韧度 $G_{IC} = G_{IIC}$=1.45N/mm，弹性模型 $E = 70$GPa，泊松比 ν=0.24，材料密度 ρ=2700kg/m^3。

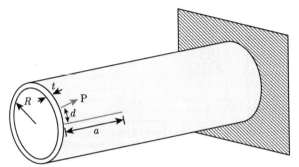

图 6.21　　存在初始裂纹的圆管

DSEM 的计算模型如图 6.22 所示。沿着圆管壁厚的方向划分为两层球元，模型中球元的半径为 0.5mm，球元总数为 32320，通过移除球元间弹簧生成圆管中的裂缝。

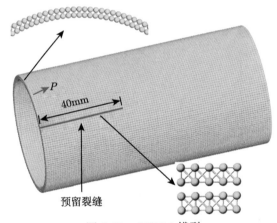

预留裂缝

图 6.22　　DSEM 模型

采用 DSEM 仿真得到的不对称集中荷载作用下圆管的裂缝扩展结果如图 6.23 所示，与 Xing[237] 和 Zhuang[238] 采用扩展 FEM 得到的裂纹扩展结果基本一致，验证了本书建立的 DSEM 以及软化模型处理复合裂纹扩展的能力。从图中可以看到，虽然预留裂纹呈直线形式，但是由于圆管承受不对称的集中力作用，裂纹的扩展路径为复合裂纹形式。裂纹尖端详图如图 6.24 所示，可以发现，在不对称集力作用下，裂纹的扩展角度逐渐向集中力作用处靠近。与 FEM 相比，由于 DSEM 无需计算裂纹的扩展方向，因此该方法解决复合裂纹扩展问题时更具优势。

(a)   (b)

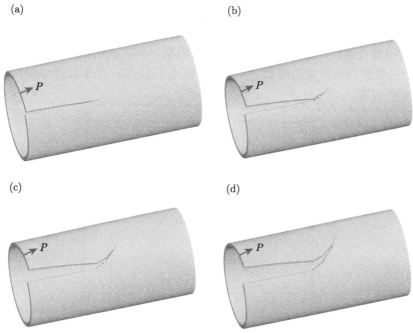

(c)   (d)

图 6.23 DSEM 的裂缝扩展过程

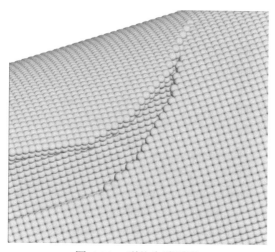

图 6.24 裂纹尖端详图

　　圆管的荷载—位移曲线如图 6.25 所示。可以发现当加载点位移为 5.5mm 时，荷载峰值为 11.5kN，之后位移继续增加，荷载逐渐降低。图 6.26 为裂缝的扩展长度—时间曲线。可以发现，当加载时间约为 0.4s 时，裂缝尖端处球元间弹簧在软化模型下进入软化段，当接触力下降到零，球元间接触位移达到极限值时，球元间弹簧发生断裂，裂缝开始扩展。由以上结果可知，本书建立的 DSEM 断裂模型能够实现复合裂纹动态扩展全过程的有效模拟，与文献相比，裂纹扩展路径基本相同，计算过程中没有出现数值不稳定，说明了 DSEM 能够有效地解决连续体结构的断裂问题。

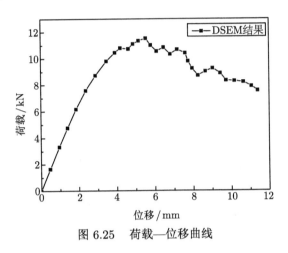

图 6.25   荷载—位移曲线

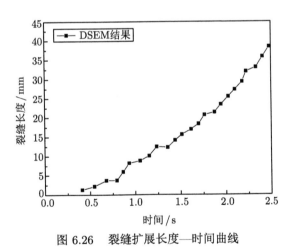

图 6.26   裂缝扩展长度—时间曲线

6.7.3   矩形梁受拉扭作用断裂分析

如图 6.27 所示方形截面梁，两端受到沿轴向的速度 $v = 150\text{m/s}$ 及绕中心轴的角速度 $\omega = 25000\text{rad/s}$ 恒定加载，梁长度 $L = 2\text{m}$，梁截面为正方形，边长 $a = 0.2\text{m}$。材料固有性质如下：弹性模量 $E = 10\text{MPa}$，泊松比 $\nu = 0.2$，质量密

度 $\rho = 10 \ \mathrm{kg/m^3}$，断裂应变能释放率 $G_{\mathrm{IC}} = G_{\mathrm{IIC}} = G_{\mathrm{IIIC}} = 5000 \ \mathrm{N/m}$。建立受扭矩形梁 DSEM 的计算模型，球元半径 $r = 0.055 \ \mathrm{m}$，球元数量 $N = 9200$，连接弹簧数量 $M = 73324$。

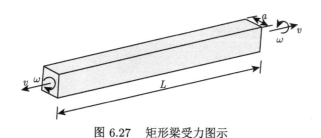

图 6.27　矩形梁受力图示

加载过程中矩形梁变形及破坏过程如图 6.28 所示，矩形梁在两端拉扭动力荷载作用下，首先产生扭转大变形，在扭转变形充分发展后，矩形梁首先在中部截面的外缘产生四条裂纹，随后裂纹发生扩展，且梁中部开始产生新的裂纹，在荷载持续作用下，裂纹进一步向内贯通发展，使得梁中部形成薄弱截面，最终在此处断裂。可以看到本书方法有效捕捉了矩形梁从受扭大变形到裂纹萌生、发展、相互作用，再到完全断裂破坏的过程，为了进一步验证 DSEM 处理复杂断裂问题的有效性，提取梁端的反力时程曲线，并与文献 [239] 结果进行对比，对比结果如图 6.29 所示。

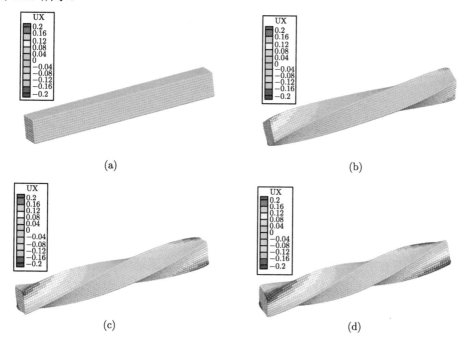

(a)　　　　　　　　　　　　　　　　　　(b)

(c)　　　　　　　　　　　　　　　　　　(d)

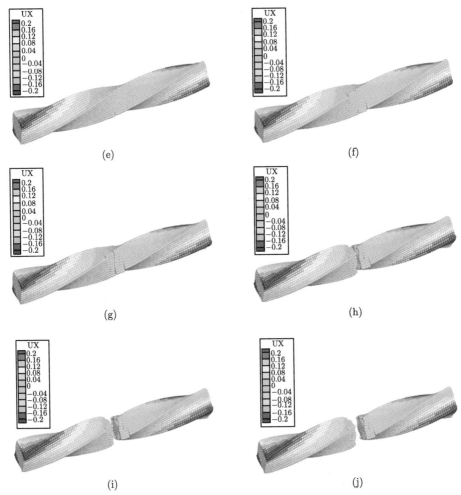

图 6.28　矩形梁变形及破坏过程

　　由矩形梁端部反力时程曲线的对比可以看出，矩形梁端拉、扭反力呈现一致的变化趋势。加载初期，裂缝在梁中部截面萌生，两端反力曲线出现震荡，随后最初萌生的裂纹会相交衍变成环形裂尖，最终裂纹贯通梁体，矩形梁端反力降低至零。文献采用的断裂准则为材料极限破坏应力准则，而本书方法将能量作为判别依据，因而本书方法计算得到的断裂出现时间比文献方法略有差别，但两种方法所得结果误差在 10% 以内，初步验证了本书作者课题组开发的断裂计算程序的有效性，可用于考虑构件断裂的结构倒塌行为分析。

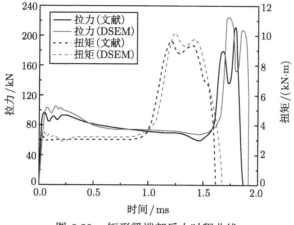

图 6.29 矩形梁端部反力时程曲线

6.8 考虑杆件断裂的单层网格结构倒塌数值模拟研究

前文研究了 DSEM 在处理构件裂纹开展和断裂问题上的应用和优势,下面以单层空间网格结构为例讨论 DSEM 在处理结构体系断裂问题上的应用。

单层空间网格结构以其结构通透、造型美观在工程上得到了广泛应用,但由于其存在整体失稳问题,且倒塌破坏突然,其结构安全性被结构工程师格外重视,结构倒塌问题要重点研究。单层空间网格结构的倒塌性能研究包括构件失效判定准则以及结构失效机理等方面,目前主要通过数值模拟、试验分析和理论求解等手段进行,然而结构倒塌破坏试验具有费用较高、危险系数较大、试验参数与实际结构差别较大、试验数据不易获取等限制因素,使得数值模拟方法成为结构倒塌研究不可缺少的重要手段。而结构连续性倒塌的计算具有强几何非线性、动力、机构运动等特征,使求解存在位移场不连续、碰撞、大变形等复杂物理和数学问题而难以通过一般的数值计算方法实现。

本节将基于前面的研究内容,将基于 DSEM 的断裂计算程序应用至单层网格结构倒塌数值模拟研究中,首先以某六角形空间刚架作为基本结构体系,对该结构分别开展仅考虑弹性、考虑材料弹塑性、考虑材料弹塑性及断裂行为的力学性能分析,从而进行程序验证;随后,在基本结构体系的周边增加支撑构件,形成空间单层网格结构并将其作为结构倒塌破坏的研究对象。

本节在进行单层网格结构倒塌破坏的数值模拟研究时,有如下假定:

(1) 研究对象中的构件不存在初始裂纹及缺陷,均为理想构件;

(2) 不考虑结构倒塌破坏过程中断裂构件的相互接触和碰撞。

6.8.1　模型建立及程序验证

如图 6.30 所示六角形空间刚架，6 个支座均为固接边界条件，构件统一采用 0.76m×1.22m 的截面，结构跨度 $2L = 48.76$m，高度 $H = 6.10$m。材料固有性质如下：弹性模量 $E = 20690$MPa，泊松比 $\nu = 0.17$，材料屈服强度 $\sigma_y = 80$MPa，断裂应变能释放率 $G_{\mathrm{IC}} = G_{\mathrm{IIC}} = G_{\mathrm{IIIC}} = 0.53$ N/mm。建立六角形空间刚架 DSEM 的计算模型如图 6.31 所示，取元半径 $r = 0.1$ m，球元数量 $N = 37982$，连接弹簧数量 $M = 279918$。在建模过程中，将杆件相连的节点部分简化成理想刚域，即假设节点区域不会发生破坏，断裂仅出现在构件区域。

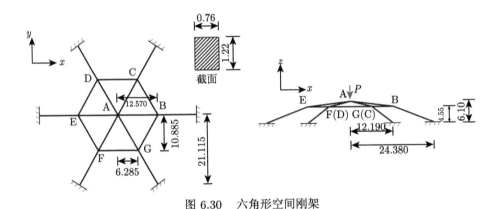

图 6.30　六角形空间刚架

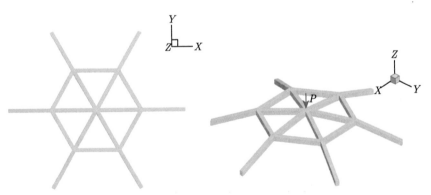

图 6.31　六角形空间刚架 DSEM 计算模型

在六角形空间刚架的顶点 A 处施加荷载 P，采用 DSEM 位移控制法求解结构的静力倒塌过程，计算取时间步长 $\Delta t = 1 \times 10^{-4}$s，单位时间内位移增量 $\Delta \delta = \Delta t m$，提取位移施加过程中 A 处的反力绘制成荷载—位移曲线。对六角形空间刚架分别进行仅考虑弹性、考虑材料弹塑性、考虑材料弹塑性及断裂行为这三种情况下的力学性能分析，并将前两种情况下的荷载—位移曲线计算结果与文献 [240] 进行对比如图 6.32 所示。

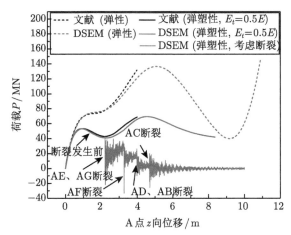

图 6.32　不同材料本构下的六角形空间刚架荷载—位移曲线

文献采用 FPM 对六角形空间刚架的弹性及弹塑性屈曲过程进行了分析，得到结构发生第一次屈曲后的荷载位移曲线，而本节采用 DSEM 对结构进行了由局部到整体的多次失稳变形分析，有效捕捉到了结构复杂的后屈曲行为。由图 6.32 可以看出，本节计算得到的结构发生第一次屈曲时的荷载位移与文献结果吻合良好，当材料为弹性本构的情况下，两种方法所得曲线的最大误差为 7.5%；当材料为弹塑性本构的情况下，两种方法所得曲线的最大误差为 8.9%。

六角形空间刚架的第一次跃越失稳为中心节点处 6 根构件的局部屈曲，此时结构体系中的环向和径向构件能起到有效支撑作用，因而屈曲平台较为平缓，外荷载可以继续上升；第一次跃越失稳后，与中心节点相连的 6 根构件由压弯转变为拉弯状态，随着外荷载不断增大，环向构件及周边径向支撑也全部转变为拉弯状态，此时刚架发生第二次跃越失稳，由于结构体系失去有效支撑，因而承载力突然降低，第二次跃越屈曲表现出强非线性大变形，屈曲平台与第一次相比有明显区别。在考虑材料弹塑性本构后，六角形空间刚架的失稳变形规律与弹性情况类似，但临界屈曲荷载与弹性情况相比显著降低：第一次弹塑性屈曲的临界荷载与弹性情况相比降低了 28.4%，第二次弹塑性屈曲的临界荷载与弹性情况相比降低了 49.3%，说明材料非线性对六角形空间刚架的承载力影响较大，不能忽略。

在考虑材料弹塑性本构的基础上，基于应变能释放率准则，增加对 DSEM 模型中连接弹簧断裂状态进行判断的程序，从而开展考虑构件断裂的刚架受力性能分析。由图 6.32 可以看出，考虑构件断裂时刚架荷载—位移曲线的前半段 (即断裂发生前) 与仅考虑材料非线性本构关系时的计算结果完全重合，此时结构变形状态如图 6.33(a) 中所示；而荷载—位移曲线的后半段表现出强烈震荡特性，表明结构构件发生断裂。断裂发生后，本书方法计算得到的荷载—位移曲线大致可以分为以下四个阶段：第一阶段，AE 和 AG 杆在与中心节点 A 相连处同时发生断裂，此时结构变形状态如图 6.33(b) 所示；第二阶段，AF 在与中心节点 A 相连处发生断裂，此时结构变形状态如图 6.33(c) 所示；随后进入第三阶段，AD、AB 杆发生断裂，但断裂发生位置变为与环向构件相连的 D、B 节点处；最后进入第四阶段，AC 杆在与节点 C 相连的位置发生断裂，随后刚架彻底丧失承载能力，A 处反力逐渐降低至零，此时结构变形状态如图 6.33(d) 所示。

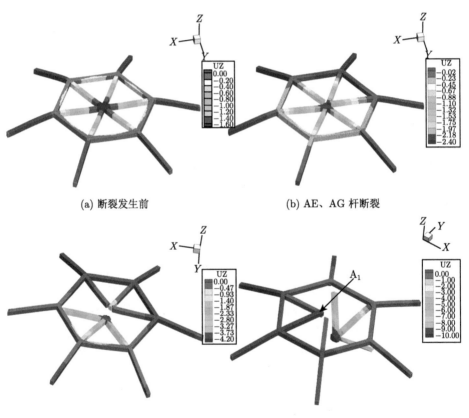

(a) 断裂发生前　　　　　　　　　　　　　(b) AE、AG 杆断裂

(c) AF 杆断裂后 AD、AB 杆发生断裂　　　　　(d) AC 杆断裂

图 6.33　考虑构件断裂的六角形空间刚架典型变形状态

对断裂发生后 AD 杆自由端 A_1 的位移进行追踪，绘制位移—时程曲线并与

文献结果对比如图 6.34 所示。可以看到两种数值方法计算所得曲线具有类似分布规律：断裂发生后，断裂构件的自由端在三个方向上均产生了不同程度的振动，说明断裂发生后结构中的应变能转变成为动能，两种方法所得的曲线均表明断裂自由端在受力方向即 z 向上发生大幅度振动，而 x 及 y 向在边界条件的固定作用下只发生轻微振动；并且本书方法与文献 [197]，采用 FPM 对于断裂发生时间的判断较为接近。

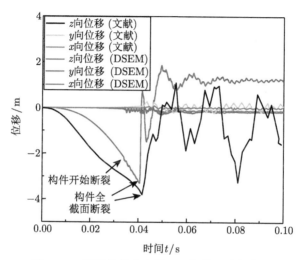

图 6.34　断裂构件自由端 A_1 位移—时程曲线

但不同之处在于，文献方法对于断裂采用的判断准则为轴向极限应变和极限转角率准则，认为空间梁单元在达到以上两个条件之一时构件发生断裂，且假设断裂位置仅发生在梁单元两端的质点上，因而与本书方法基于应变能释放率准则计算所得的断裂位置略有差异，曲线的位移分布也有所区别；且文献方法采用简化的梁单元，认为构件在达到临界条件后立即发生全截面断裂，因此无法考虑裂纹在构件截面的扩展，只能用于描述空间刚架的宏观破坏模式，而本书方法采用 DSEM 建模，因而可以追踪到构件开始断裂至构件全截面断裂的整个过程。此外，由于阻尼影响，断裂发生后自由端 A_1 的振动幅度会逐渐减小，然后演变为平衡位置附近的微小振动，最后处于静止状态，通过图 6.34 可以看出本书方法计算所得曲线更合理描述了上述过程，由此可见，DSEM 能够合理、有效地描述结构受力后的断裂倒塌行为。

以图 6.30 所示六角形空间刚架为基本结构，在六边形的各边增加支撑构件，形成如图 6.35 所示的单层网格结构，该体系的基本尺寸及材料固有性质与六角形空间刚架相同。建立如图 6.36 所示单层网格结构 DSEM 的计算模型，分析周边支撑构件对结构断裂及倒塌行为的影响，取球元半径 $r = 0.1\mathrm{m}$，球元数量 $N = 67620$，连接弹簧数量 $M = 498730$。

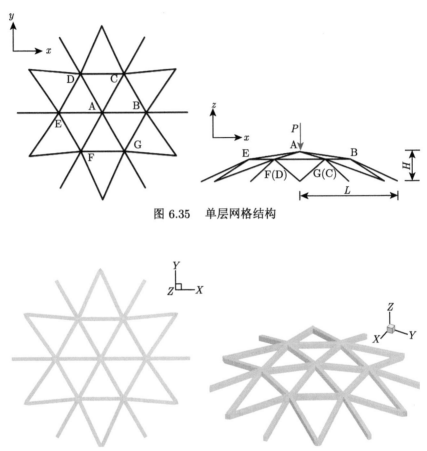

图 6.35　单层网格结构

图 6.36　单层网格结构 DSEM 计算模型

　　对单层网格结构设置与六角形空间刚架一致的固接边界条件，且对中心节点 A 采用同样的位移加载方式，得到了如图 6.37 所示的考虑构件断裂的单层网格结构倒塌破坏过程。可以看出，两种结构形式的倒塌过程基本一致：同样都分为四个阶段，首先是与中心节点 A 相连的两根杆件同时发生断裂，此时结构变形状态如图 6.37(b) 所示；接着与中心节点 A 相连的第三根杆件断裂；随后进入第三阶段，由于中心节点与杆件的连接构造已经破坏，弯矩得到释放，因此随着加载的继续进行，构件断裂位置转变成为与环向构件相连的节点处，此时结构变形状态如图 6.37(c) 所示；最后进入第四阶段，第六根杆件在与环向构件相连的节点处发生断裂，随后刚架彻底丧失承载能力，A 处反力逐渐降低至零。此时结构变形状态如图 6.37(d) 所示。

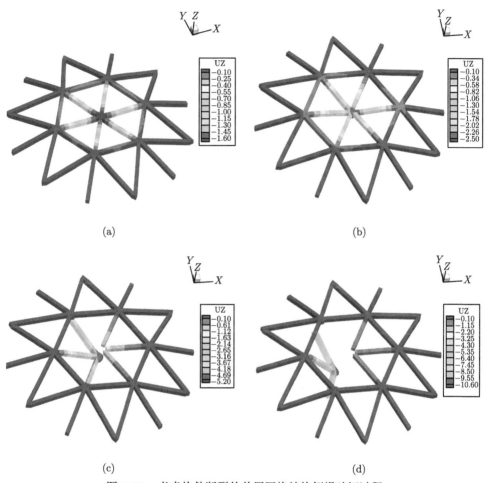

(a)　　　　　　　　　　　　　　　(b)

(c)　　　　　　　　　　　　　　　(d)

图 6.37　考虑构件断裂的单层网格结构倒塌破坏过程

　　分别将虑构件断裂的六角形空间刚架和单层网格结构倒塌破坏过程的荷载—位移曲线绘制如图 6.38 所示，可以看到蓝色曲线同样可以划分出断裂倒塌过程的四个阶段，再次说明了这两种结构形式倒塌破坏过程的相似性，这是因为六角形空间刚架和单层网格结构的倒塌均是由中心节点及环向构件连接节点处的破坏引起的，而这两种结构形式在上述部位的构造是相同的，因而倒塌破坏过程呈现高度相似性。

　　两条曲线的不同之处在于，加了周边支撑的单层网格结构在断裂发生前的极限承载力高于仅有 6 根构件支撑的六角形空间刚架，因而在中心节点 A 发生相

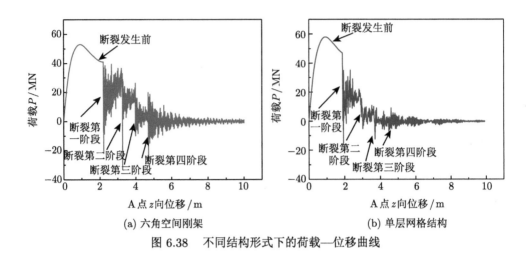

(a) 六角空间刚架　　　　　　　　　　(b) 单层网格结构

图 6.38　　不同结构形式下的荷载—位移曲线

同的竖向位移时，单层网格结构将承受更高的竖向荷载 P，构件端部承受的弯矩也相应更大，所以与六角形空间刚架相比，会更早发生断裂，由图 6.38 可见，本书方法计算得到的曲线准确地描述了以上现象。

6.8.2　单层网格结构倒塌性能影响因素分析

单层网壳结构的倒塌力学性能由多种因素的共同控制，其中材料参数、加载方式、矢跨比为主要影响因素，因此本书采用 DSEM，基于 6.7 节建立的单层网格结构计算模型及经过验证的求解程序，对各类变参数的单层网格结构倒塌破坏过程及对应的荷载—位移曲线进行对比分析，研究上述三种主要因素对单层网格结构倒塌破坏性能的影响，并通过计算结果进一步验证 DSEM 在处理断裂、倒塌等强非线性问题上的适用性和独特优越性。

材料参数影响

为了研究材料计算参数对单层网壳结构倒塌性能的影响，在保持结构形式及构件截面不变的基础上改变材料特性，分别采用钢材和铝的材料参数进行计算。其中钢材的弹性模量取 $E = 210\mathrm{GPa}$，泊松比 $\nu = 0.3$，材料密度 $\rho = 7850\ \mathrm{kg/m^3}$，屈服强度 $\sigma_y = 235\mathrm{MPa}$，切线模量 $E_t = 0.1E = 21\mathrm{GPa}$，断裂应变能释放率 $G_{\mathrm{IC}} = G_{\mathrm{IIC}} = G_{\mathrm{IIIC}} = 5.3\ \mathrm{N/mm}$，而铝的计算参数为 $E' = 70\mathrm{GPa}$，泊松比 $\nu' = 0.3$，材料密度 $\rho' = 2700\ \mathrm{kg/m^3}$，材料屈服强度 $\sigma_y' = 110\mathrm{MPa}$，切线模量 $E_t' = 0.1E' = 7\mathrm{GPa}$，断裂应变能释放率 $G_{\mathrm{IC}}' = G_{\mathrm{IIC}}' = G_{\mathrm{IIIC}}' = 1.8\ \mathrm{N/mm}$。得到两种不同材料的倒塌破坏形态及倒塌过程荷载—位移曲线如下图所示。

在加载方式、结构形式及构件截面不变的前提下，由钢材和铝两种材料构成的网壳的倒塌破坏过程基本一致，由图 6.39 可以看出，两类网壳倒塌破坏形态基本一致，杆件断裂位置均发生在中心节点及与环向构件连接的节点处。而图 6.40 表明，材料性能对单层网格结构的极限承载力影响显著，钢网壳在发生倒塌破坏前的临界屈曲荷载约为铝网壳的 2.4 倍，在断裂发生后的初始阶段，钢网壳尚能承担一定外荷载，且此时结构的承载力与铝网壳发生倒塌破坏前的承载力相当；而铝网壳在杆件发生断裂后虽并未丧失全部承载力，但此时结构抗力较弱，能承受的外荷载值也相应偏低。结合以上现象可以看出，钢、铝两种材料特性对本章计算选取的凯威特型单层网壳结构的倒塌破坏过程及最终破坏形态影响较小，但却明显改变了网壳的极限承载力，从而对单层网格结构的倒塌性能造成显著影响。

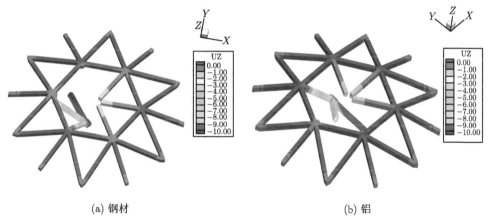

(a) 钢材　　　　　　　　　　　　　　　　(b) 铝

图 6.39　不同材料参数下结构倒塌破坏形态

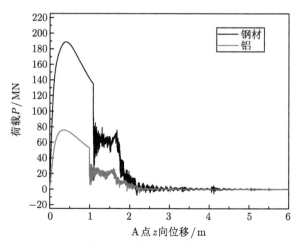

图 6.40　不同材料参数下结构的荷载—位移曲线

加载方式影响

如图 6.41 所示，将单层网格结构的位移加载位置由方式 1 的单点加载转变为方式 2 的多点加载，分析荷载施加方式对网壳倒塌过程及形态的影响，计算均采用钢材材料参数。得到采用第二种加载方式下单层网格结构的倒塌破坏过程如图 6.42 所示。

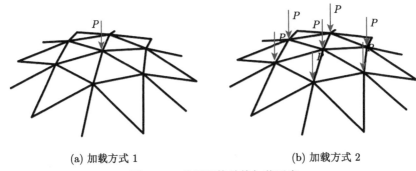

(a) 加载方式 1   (b) 加载方式 2

图 6.41   单层网格结构加载示意

通过图 6.42 及图 6.43(a) 的对比可以看出，荷载施加方式对网壳的倒塌破坏过程影响显著，当单层网格结构仅在中心节点处受到集中荷载 P 时，结构的倒塌是由中心节点与杆件端部连接处的局部断裂引起的，随着荷载持续施加，网壳的构件在不同位置逐渐发生断裂，最后发展至整体破坏，结构彻底失去承载能力；而当网壳满布节点荷载 P 时，结构在出现断裂前环向构件首先发生屈曲变形，在随后的加载过程中，由于环向构件承受较大压弯荷载，因而在中部率先发生断裂且环向构件几乎同时失效，此时网壳的变形状态如图 6.42(b) 所示；紧接着网壳因失去有效支撑而迅速发生整体倒塌破坏，边界杆件在固定端发生断裂，此时结构彻底失效，如图 6.42(c) 所示；最后，所有边界杆件的固定端均发生断裂，且由于杆件断裂而形成的自由构件会发生旋转，此时网壳变形状态如图 6.42(d) 所示。由不同加载方式下单层网格结构的倒塌破坏过程对比可以看出，当采用单点加载的方式 1 时，网壳倒塌体现为由局部发展至整体破坏，而采用多点加载的方式 2 时，网壳的倒塌过程表现出整体破坏特性，这也验证了本书方法能清晰有效得描述单层网格结构在不同受荷情况下的倒塌破坏过程。

选取多点荷载作用下 AC 杆端部 (如图 6.42 标注处) 的断裂破坏过程绘制如图 6.44 所示。由此可见，采用球元集合体来模拟杆件截面的 DSEM 计算模型能有效描述网壳杆件在外荷载作用下由受弯变形到截面逐步被削弱，再到彻底断裂的过程。基于连续介质力学的传统数值计算方法在求解上述变形过程往往会因为单元穿透、网格过度变形而导致求解不收敛，需要采用特殊手段进行人工干预和

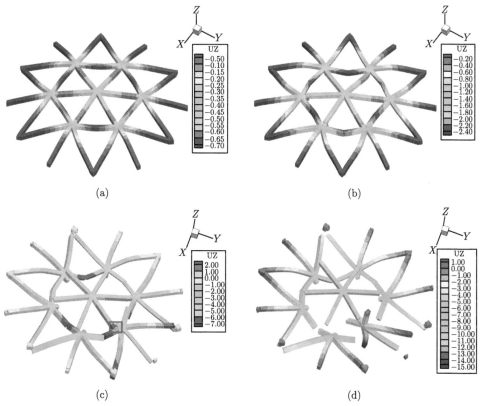

图 6.42 考虑构件断裂的单层网格结构倒塌破坏过程 (加载方式 2)

修正, 而本书方法计算求解过程避免了以上困难, 弹塑性及断裂问题均包含在运动控制方程的求解之中, 可顺利实现由初始完好的连续体状态向断裂后的非连续体进行过渡而无需修正, 更具计算优势。

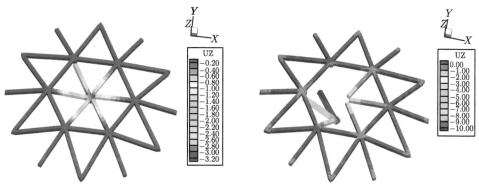

(a) 1/8

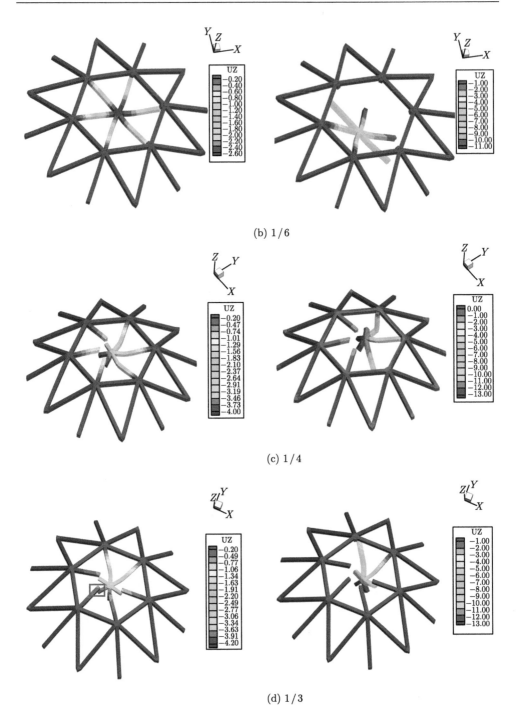

(b) 1/6

(c) 1/4

(d) 1/3

图 6.43　不同矢跨比下的网壳倒塌破坏形态

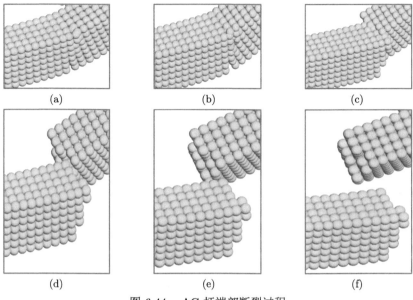

(a)　　　　　　　(b)　　　　　　　(c)

(d)　　　　　　　(e)　　　　　　　(f)

图 6.44　AC 杆端部断裂过程

提取位移施加过程中 A 处的反力绘制成荷载—位移曲线, 得到不同加载方式下单层网格结构倒塌破坏过程的荷载—位移曲线绘制如图 6.45 所示。由计算结果可知, 采用多点加载时网壳承担的外荷载总和 $(7P)$ 为单点加载下 (P) 的 7 倍, 而结构极限承载力仅降低了 1/2, 说明采用满布节点加载的方式更能充分发挥网壳的整体抗力, 使倒塌破坏呈现 "整体坍塌" 的形态, 而采用单点加载时网壳呈现 "局部坍塌" 的破坏形态, 此时结构的整体变形尚未充分开展, 因而材料性能并未得到充分发挥。

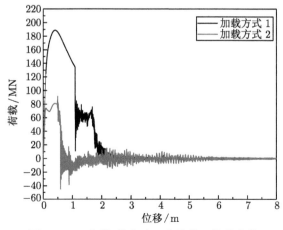

图 6.45　不同加载方式下的荷载—位移曲线

本书采用 DEM 计算得到的不同加载方式下单层网格结构的倒塌破坏规律与实际相符：作为高效结构设计的典型代表，单层网壳在实际使用阶段通常要保证尽可能靠薄膜应力直接传递荷载而非靠结构弯曲作用间接传递外荷载。这就导致网壳结构除了对几何缺陷敏感外，同样对局部过量的堆载反应较强。在实际使用阶段，与设计阶段分布显著不同的局部堆载或不对称作用的风载及雪载会影响结构的第一阶屈曲模态，从而导致结构在局部区域首先发生失稳倒塌破坏，接着由于节点破坏及荷载传递，使破坏区域不断扩大，最终发生整体倒塌，此类破坏模式对结构极限承载力存在不利影响。

矢跨比影响

图 6.35 所示网壳结构矢跨比为 1/8，以该结构为基本体系，改变单层网格结构的矢跨比，对矢跨比分别为 1/8、1/6、1/4 和 1/3 的四类单层网格结构的倒塌性能进行对比分析，计算采用钢材材料参数，在 A 处单点加载。

由图 6.43 可以看出，单层网格结构的倒塌破坏均是由与中心节点相连的构件断裂失效引起的，但网壳破坏形态随着矢跨比的变化而有所不同：当单层网格结构的矢跨比较小 (1/8 和 1/6) 时，构件断裂失效的位置均发生在与节点相连的端部；而当单层网格结构的矢跨比较大 (1/4 和 1/4) 时，构件断裂失效的位置首先发生在中部，随着加载的持续进行，最终在与环向构件相连的节点端部发生破坏。这是由于矢跨比较大时，构件弯矩作用平面内的刚度会显著增加，使得中心节点的竖向位移受到较大限制，因而在加载过程中构件会发生平面外位移，导致断裂发生前网壳的变形体现为 6 根构件绕中心节点的扭转。此外，较大的矢跨比也导致网壳构件承受更高的轴向压力，使构件在发生平面外位移的基础上产生"附加弯矩"，由于承受较高的压弯荷载，构件中部产生薄弱截面，随后发生断裂。

选取矢跨比为 1/3 时 AF 杆中部 (如图 6.43 标注处) 的断裂破坏过程绘制如图 6.46 所示。可以看到 AF 杆在压弯荷载作用下产生平面外变形，随后杆件中部受拉侧首先断裂并形成薄弱截面，最终在此处彻底断裂失效。

分别将不同矢跨比下单层网格结构倒塌破坏过程的荷载—位移曲线绘制如图 6.47 所示。可以看出，网壳的矢跨比越大，结构的极限承载力也相应越高，这是因为高矢跨比的网壳能有效将外荷载作用转化为轴向压力，从而减小杆件承受的弯矩，因而能够充分利用材料的强度，提高结构刚度。然而，轴压特征明显的高矢跨比网壳会对结构稳定产生不利影响，在荷载—位移曲线中表现为构件发生断裂后，结构承载力立即显著下降，脆性破坏特征更明显。不同矢跨比下网壳的倒塌破坏计算结果表明，提高矢跨比能有效提高网壳的极限承载力，但杆件断裂后释放的能量也相应更大，使得结构的倒塌传播更迅速，导致结构突然丧失承载力。

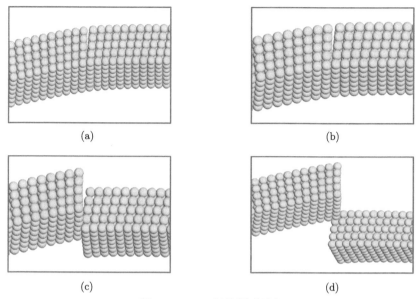

图 6.46　AF 杆件断裂过程

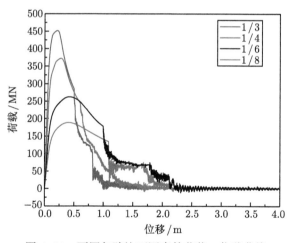

图 6.47　不同矢跨比下网壳的荷载—位移曲线

　　综上，通过单层网格结构在不同材料参数、加载方式、矢跨比下的倒塌破坏计算结果可知，材料性能对结构的极限承载力存在明显影响，但基本不会改变结构失效的构件位置和倒塌破坏的变形过程；而加载方式和矢跨比对单层网格结构极限承载力、倒塌过程、最终破坏形态等倒塌性能均有显著影响：采用满布节点加载的方式使倒塌呈现"整体坍塌"的破坏形态，相较于采用单点加载时结构呈现的"局部坍塌"破坏形态,更能充分发挥网壳的整体抗力,对提高结构承载力有利;高矢跨比能有效提高网壳的极限承载力,使断裂最初发生位置转变为杆件中部,但杆件断裂后释放的高能量使得结构的倒塌传播更迅速,导致结构突然丧失承载力,倒塌过程脆性破坏特征更明显。

6.9　本　章　小　结

本章在 DSEM 几何大变形和强材料非线性计算的基础上,对 DSEM 的断裂模型进行了研究。与 FEM 相比,DSEM 避免了裂纹尖端附近的复杂应力场和位移场的处理,无需计算裂缝的开裂角,根据弹簧的软化模型自动进行弹簧的断裂判断。DSEM 能够实现复合裂纹扩展的全过程仿真,在计算过程中允许球元发生分离,不需要进行网格划分与修正,克服了 FEM 解决裂纹扩展问题的局限性,DSEM 处理断裂问题具有较强的优势。本章的主要结论包括:

(1) 描述了 DSEM 处理断裂问题的思路,当裂纹尖端球元间的弹簧满足断裂准则时,通过打断球元间的弹簧进行复合裂纹扩展的模拟,具有简单的裂纹执行方式。

(2) 基于应变能释放率准则和断裂能量,建立了 DSEM 的断裂模型。包括适用于线弹性断裂的双线性软化模型,以及适用于弹塑性断裂的三线性软化模型。双线性软化模型分为弹性段和软化段,而三线性模型则分为弹性段、强化段和软化段。

(3) 对两种软化模型中各个特征点的接触力和接触位移进行了详细的推导,当球元间弹簧的接触力—接触位移本构进入软化阶段,接触力下降为零,接触位移达到软化阶段最大值时,弹簧发生断裂,从而实现裂纹的动态扩展。

(4) 采用 DSEM 对双悬臂梁裂缝开展、受不对称集中力作用圆管的复合裂纹动态扩展和矩形梁受拉扭作用断裂等构件断裂问题进行了仿真研究。所得裂纹的扩展路径、荷载—位移曲线、裂纹长度—开裂位移曲线与试验和文献结果吻合良好,验证了本书断裂模型的有效性和正确性以及 DSEM 处理断裂问题的优势。

(5) 采用 DSEM 对单层空间网格结构的倒塌全过程进行了数值仿真,可以模拟杆件的部分和全部断裂,并和文献结果吻合良好。验证了 DSEM 在处理结构体系断裂问题的可行性和计算精度,DSEM 可以更为广泛的在结构体系的断裂、倒塌分析中得到应用。

参 考 文 献

[1] 单立. 应用于复杂介质的离散元法的理论及其算法研究 [D]. 北京大学, 2011.

[2] 喻莹, 罗尧治. 基于有限质点法的结构倒塌破坏研究 II: 关键问题与数值算例 [J]. 建筑结构学报, 2011, 32(11): 27-35.

[3] 李承. 基于离散单元法的钢筋混凝土框架结构爆破拆除计算机仿真分析 [D]. 2000.

[4] Wang X, Malluwawadu N S, Gao F, et al. A modified weak Galerkin finite element method[J]. Journal of Computational and Applied Mathematics, 2014, 271: 319-327.

[5] Kopacz A M, Patankar N A, Liu W K. The immersed molecular finite element method [J]. Computer Methods in Applied Mechanics and Engineering, 2012, 233-236: 28-39.

[6] Cloud M J, Lebedev L P, Ponce-Vanegas F E. Finite element method in equilibrium problems for a nonlinear shallow shell with an obstacle[J]. International Journal of Engineering Science, 2014, 80: 43-52.

[7] Desai C S, Zaman M M, Lightner J G, et al. Thin-layer element for interfaces and joints[J]. International Journal for Numerical & Analytical Methods in Geomechanics, 2010, 8(1): 19-43.

[8] Nicolas Moës, Dolbow J, Belytschko T. A Finite Element Method for Crack Growth without Remeshing[J]. International Journal for Numerical Methods in Engineering, 1999, 46: 131-150.

[9] Belytschko T, Black T. Elastic crack growth in finite elements with minimal remeshing[J]. International Journal for Numerical Methods in Engineering, 1999, 45(5): 601-620.

[10] 李录贤, 李录贤, 王铁军, 等. 扩展有限元法 (XFEM) 及其应用 [J]. 力学进展, 2005, 35(1): 5-20.

[11] 余天堂. 模拟三维裂纹问题的扩展有限元法 [J]. 岩土力学, 2010, 31(10): 3280-3285.

[12] 郭历伦, 陈忠富, 罗景润, 等. 扩展有限元方法及应用综述 [J]. 力学季刊, 2011, 32(4): 612-625.

[13] Daux C, Moes N, Dolbow J, et al. Arbitrary branched and intersecting cracks with the extended finite element method[J]. International Journal for Numerical Methods in Engineering, 2000, 48(12): 1741-1760.

[14] Rethore J, Gravouil A, Combescure A. An energy-conserving scheme for dynamic crack growth using the extended finite element method[J]. International Journal for Numerical Methods in Engineering, 2005, 63(5): 631-659.

[15] 陈亚宾. 素混凝土中裂缝开裂的扩展有限元数值模拟 [D]. 哈尔滨工业大学, 2017.

[16] 茹忠亮, 申崴, 赵洪波. 基于扩展有限元法的钢筋混凝土梁复合断裂过程模拟研究 [J]. 工程力学, 2013, 30(5): 215-220.

[17] Song J H, Wang H, Belytschko T. A comparative study on finite element methods for dynamic fracture[J]. Computational Mechanics, 2008, 42(2): 239-250.

[18] Fries T P, Belytschko T. The extended/generalized finite element method: An overview of the method and its applications [J]. International Journal for Numerical Methods in Engineering, 2010, 84(3): 253-304.

[19] Barenblatt G I. The mathematical theory of equilibrium cracks in brittle fracture[J]. Advances in Applied Mechanics, 1962, 7.

[20] Remmers J J C, Borst R D, Needleman A. A cohesive segments method for the simulation of crack growth[J]. Computational Mechanics, 2003, 31(1-2): 69-77.

[21] Hillerborg A, Modéer M, Petersson P E. Analysis of crack formation and crack growth in concrete by means of fracture mechanics and finite elements[J]. Cement & Concrete Research, 1976, 6(6): 773-781.

[22] Xu X P, Needleman A. Numerical simulations of fast crack growth in brittle solids[J]. Journal of the Mechanics and Physics of Solids, 1994, 42(9): 1397-1434.

[23] Needleman A. Numerical modeling of crack growth under dynamic loading conditions[J]. Computational Mechanics, 1997, 19(6): 463-469.

[24] Turon A, Dávila C G, Camanho P P, et al. An engineering solution for mesh size effects in the simulation of delamination using cohesive zone models[J]. Engineering Fracture Mechanics, 2007, 74(10): 1665-1682.

[25] Ferté, G, Massin P, Moës N. 3D crack propagation with cohesive elements in the extended finite element method[J]. Computer Methods in Applied Mechanics and Engineering, 2016, 300: 347-374.

[26] 张志春, 强洪夫, 周伟. 基于粘结界面模型的三维裂纹扩展研究 [J]. 计算物理, 2010, 27(4): 586-592.

[27] He M, Li S. An embedded atom hyperelastic constitutive model and multiscale cohesive finite element method[J]. Computational Mechanics, 2012, 49(3): 337-355.

[28] Guo X, Chang K, Chen L Q, et al. Determination of fracture toughness of AZ31 Mg alloy using the cohesive finite element method[J]. Engineering Fracture Mechanics, 2012, 96: 401-415.

[29] Ting E C, Chiang S, Wang Y K. Fundamentals of a vector form intrinsic finite element: Part II. plane solid elements[J]. Journal of Mechanics, 2004, 20(2): 123-132.

[30] 丁承先, 段元锋, 吴东岳. 向量式结构力学 [M]. 北京: 科学出版社, 2012.

[31] 罗尧治, 郑延丰, 杨超. 结构复杂行为分析的有限质点法研究综述 [J]. 工程力学, 2014, 31(8): 1-7.

[32] 郑延丰. 结构精细化分析的有限质点法计算理论研究 [D]. 浙江大学, 2015.

[33] 杨超. 薄膜结构的有限质点法计算理论与应用研究 [D]. 浙江大学, 2015.

[34] 朱明亮, 董石麟. 基于向量式有限元的弦支穹顶失效分析 [J]. 浙江大学学报 (工学版), 2012, 46(9): 1611-1618.

[35] Ting E C, Wang Y K. Fundamentals of a vector form intrinsic finite element: Part I. basic procedure and a plane frame element[J]. Journal of Mechanics, 2004, 20(2): 113-122.

[36] 喻莹, 许贤, 罗尧治. 基于有限质点法的结构动力非线性行为分析 [J]. 工程力学, 2012, 29(6): 63-69.

[37] Yu Y, Zhao X, Luo Y. Multi-snap-through and dynamic fracture based on finite particle method[J]. Journal of Constructional Steel Research, 2013, 82: 142-152.

[38] 罗尧治, 杨超. 求解平面固体几何大变形问题的有限质点法 [J]. 工程力学, 2013, 30(4): 260-268.

[39] 张鹏飞, 罗尧治, 杨超. 基于有限质点法的三维固体弹塑性问题求解 [J]. 工程力学, 2017(04): 10-17.

[40] Yang C, Shen Y B, Luo Y Z. An efficient numerical shape analysis for light weight membrane structures[J]. Journal of Zhejiang University SCIENCE A, 2014, 15(4): 255-271.

[41] Luo Y Z, Yang C. A vector-form hybrid particle-element method for modeling and nonlinear shell analysis of thin membranes exhibiting wrinkling[J]. Journal of Zhejiang University SCIENCE A, 2014, 15(5): 331-350.

[42] 王震, 赵阳, 杨学林. 平面薄膜结构屈曲行为的向量式有限元分析 [J]. 浙江大学学报 (工学版), 2015, 49(6): 1116-1122.

[43] Yu Y, Paulino G H, Luo Y. Finite particle method for progressive failure simulation of truss structures[J]. Journal of Structural Engineering, 2011, 137(10): 1168-1181.

[44] Yao-Zhi L, Peng-Fei Z, Tao J. Analysis of a retractable roof subjected to critical member failure using VFIFE method[J]. Spatial Structures, 2014, 20(2): 89-96.

[45] 张鹏飞, 罗尧治, 杨超. 薄壳屈曲问题的有限质点法求解 [J]. 工程力学, 2017(02): 18-26.

[46] 喻莹, 罗尧治. 基于有限质点法的结构碰撞行为分析 [J]. 工程力学, 2013, 30(3): 66-72.

[47] 黄朝琴. 无网格法理论与应用研究 [D]. 中国石油大学, 2007.

[48] 基于无网格法的刚—柔耦合系统的动力学建模与仿真 [D]. 2017.

[49] 程荣军. 无网格方法的误差估计和收敛性研究 [D]. 上海: 上海大学出版社, 2007.

[50] 刘更, 刘天祥, 谢琴. 无网格法及其应用 [M]. 西安: 西北工业大学出版社, 2005.

[51] Lucy L B. A numerical approach to the testing of the fission hypothesis[J]. The Astrophysical Journal, 1977, 8(12): 1013-1024.

[52] Gingold R A, Monaghan J J. Smoothed particle hydrodynamics: theory and application to non-spherical stars[J]. Monthly Notices of the Royal Astronomical Society, 1977, 181(3): 375-389.

[53] Johnson G R, Beissel S R. Normalized Smoothing Functions for SPH Impact Computations[J]. International Journal for Numerical Methods in Engineering, 1996, 39(16):

2725-2741.

[54] Vignjevic R, Campbell J, Libersky L. A treatment of zero-energy modes in the smoothed particle hydrodynamics method[J]. Computer Methods in Applied Mechanics and Engineering, 2000, 184(1): 67-85.

[55] Swegle J W, Hicks D L, Attaway S W, et al. Smoothed Particle Hydrodynamics Stability Analysis[M]. Academic Press Professional, Inc. 1995.

[56] Dyka C T, Ingel R P. Addressing tension instability in SPH methods[J]. Addressing Tension Instability in SPH Methods, 1994.

[57] Chen J K, Beraun J E, Jih C J. An improvement for tensile instability in smoothed particle hydrodynamics[J]. Computational Mechanics, 1999, 23(4): 279-287.

[58] Belytschko T, Gu L, Lu Y Y. Fracture and crack growth by element free Galerkin methods[J]. Modelling and Simulation in Materials Science and Engineering, 1994, 2(3A): 519-534.

[59] Salkauskas P L. Surfaces generated by moving least squares methods[J]. Mathematics of Computation, 1981, 37(155): 141-158.

[60] Nayroles B, Touzot G, Villon P. Generalizing the finite element method: Diffuse approximation and diffuse elements[J]. Computational Mechanics, 1992, 10(5): 307-318.

[61] 张雄, 刘岩, 马上. 无网格法的理论及应用 [J]. 力学进展, 2009, 39(1): 1-36.

[62] 张雄, 宋康祖, 陆明万. 无网格法研究进展及其应用 [J]. 计算力学学报, 2003, 20(6): 730-742.

[63] Zhang X, Zhang H, Wang Z. Bending collapse of square tubes with variable thickness[J]. International Journal of Mechanical Sciences, 2016, 106: 107-116.

[64] Zhang X, Zhang H. Crush resistance of square tubes with various thickness configurations[J]. International Journal of Mechanical Sciences, 2016, 107: 58-68.

[65] Zhang X, Zhang H, Ren W. Bending collapse of folded tubes[J]. International Journal of Mechanical Sciences, 2016, 117: 67-78.

[66] Liu P, Liu Y, Zhang X. Simulation of hyper-velocity impact on double honeycomb sandwich panel and its staggered improvement with internal-structure model[J]. International Journal of Mechanics and Materials in Design, 2016, 12(2): 241-254.

[67] Shi G H. Discontinuous deformation analysis: A new numerical model for the statics and dynamics of deformable block structures[J]. Engineering Computations, 1992, 9(2): 157-168.

[68] 裴觉民. 数值流形方法与非连续变形分析 [J]. 岩石力学与工程学报, 1997, 16(03): 279.

[69] 江巍, 郑宏, 王彦海. 非连续变形分析（DDA）方法理论研究发展现状 [J]. 黑龙江大学工程学报, 2005(4).

[70] 刘军, 李仲奎. 非连续变形分析 (DDA) 方法研究现状及发展趋势 [J]. 岩石力学与工程学报, 2004, 23(5): 839.

[71] 张国新, 武晓峰. 裂隙渗流对岩石边坡稳定的影响——渗流、变形耦合作用的 DDA 法

[J]. 岩石力学与工程学报, 2003, 22(8): 1269-1275.

[72] Lin C T, Amadei B, Sture S, et al. Using an augmented Lagrangian method and block fracturing in the DDA method[J]. Nuclear Fuels, 1994.

[73] Lin C T, Amadei B, Jung J, et al. Extensions of discontinuous deformation analysis for jointed rock masses[J]. International Journal of Rock Mechanics & Mining Sciences & Geomechanics Abstracts, 1996, 33(7): 671-694.

[74] Marsh N, Howard J, Finlayson F, et al. Computational aspects of the discontinuous deformation analysis framework for modelling concrete fracture[J]. Engineering Fracture Mechanics, 2000, 65(2): 283-298.

[75] Wei J, Yanhai W, Qiang F. Study of the influence of blasting load on fresh concrete at adjacent chambers based on DDA[J]. Procedia Engineering, 2012, 29: 563-567.

[76] 马江锋, 张秀丽, 焦玉勇, 等. 用非连续变形分析方法模拟冲击荷载作用下巴西圆盘的破坏过程 [J]. 岩石力学与工程学报, 2015, 34(9): 1805-1814.

[77] Zhang Y, Wang J, Xu Q, et al. DDA validation of the mobility of earthquake-induced landslides[J]. Engineering Geology, 2014: S0013795214002300.

[78] Beyabanaki S A R, Ferdosi B, Mohammadi S. Validation of dynamic block displacement analysis and modification of edge-to-edge contact constraints in 3-D DDA[J]. International Journal of Rock Mechanics & Mining Sciences, 2009, 46(7): 1223-1234.

[79] 付晓东, 盛谦, 张勇慧, 等. 非连续变形分析 (DDA) 线性方程组的高效求解算法 [J]. 岩土力学, 2016, 37(4): 1171-1178.

[80] Beyabanaki S A R, Jafari A, Biabanaki S O R, et al. Nodal-based three-dimensional discontinuous deformation analysis (3-D DDA)[J]. Computers and Geotechnics, 2009, 36(3): 359-372.

[81] 王芝银, 李云鹏. 数值流形方法及其研究进展 [J]. 力学进展, 2003, 33(2): 261-266.

[82] 骆少明, 蔡永昌, 张湘伟. 数值流形方法中的网格重分技术及其应用 [J]. 重庆大学学报, 2001, 24(4): 34.

[83] 周维垣, 杨若琼, 剡公瑞. 流形元法及其在工程中的应用 [J]. 岩石力学与工程学报, 1996, 15(03): 211-218.

[84] 王水林, 葛修润. 流形元方法在模拟裂纹扩展中的应用 [J]. 岩石力学与工程学报, 1997, 16(05): 405-410.

[85] 张大林, 栾茂田, 杨庆, 等. 数值流形方法的网格自动剖分技术及其数值方法 [J]. 岩石力学与工程学报, 2004(11): 1836-1840.

[86] 彭自强. 数值流形方法与动态裂纹扩展模拟 [D]. 中国科学院研究生院（武汉岩土力学研究所）, 2003.

[87] Zhang H H, Li L X, An X M, et al. Numerical analysis of 2-D crack propagation problems using the numerical manifold method[J]. Engineering Analysis with Boundary Elements, 2010, 34(1): 41-50.

[88] Li W, Zheng H, Sun G. The moving least squares based numerical manifold method for

vibration and impact analysis of cracked bodies[J]. Engineering Fracture Mechanics, 2017: S0013794417309542.

[89] Chen G. Development of high-order manifold method[J]. International Journal for Numerical Methods in Engineering, 2015, 43(4): 685-712.

[90] 曹文贵, 速宝玉. 流形元覆盖系统自动形成方法之研究 [J]. 岩土工程学报, 2001(2): 187-190.

[91] Ma G, An X, He L. The numerical manifold method: A review[J]. International Journal of Computational Methods, 2010, 07(01): 1-32.

[92] Cundall P A, Strack O D L. Discussion: A discrete numerical model for granular assemblies[J]. Géotechnique, 1980, 30(3): 331-336.

[93] Cundall P A, Hart R D. Numerical modeling of discontinua[J]. Analysis & Design Methods, 1993, 9(2): 231-243.

[94] Lisjak A, Grasselli G. A review of discrete modeling techniques for fracturing processes in discontinuous rock masses[J]. Journal of Rock Mechanics and Geotechnical Engineering, 2014, 6(4): 301-314.

[95] Potyondy D O. A bonded-particle model for rock[J]. International Journal of Rock Mechanics & Mining Sciences, 2004, 41(8): 1329-1364.

[96] Ghaboussi J, Barbosa R. Three-dimensional discrete element method for granular materials[J]. International Journal for Numerical and Analytical Methods in Geomechanics, 1990, 14(7): 451-472.

[97] 邢继波, 王泳嘉. 离散元法的改进及其在颗粒介质研究中的应用 [J]. 岩土工程学报, 1990, 12(5): 51-57.

[98] 刘凯欣, 高凌天. 离散元法研究的评述 [J]. 力学进展, 2003, 33(4): 483-490.

[99] Kim H, Wagoner M P, Buttlar W G. Simulation of fracture behavior in asphalt concrete using a heterogeneous cohesive zone discrete element model[J]. Journal of Materials in Civil Engineering, 2008, 20(8): 552-563.

[100] Masuya H, Kajikawa Y, Nakata Y. Application of the distinct element method to the analysis of the concrete members under impact[J]. Nuclear Engineering and Design, 1994, 150(2-3): 367-377.

[101] Fraternali F, Angelillo M, Fortunato A. A lumped stress method for plane elastic problems and the discrete-continuum approximation[J]. International Journal of Solids and Structures, 2002, 39(25): 6211-6240.

[102] Slepyan L I. Crack in a material-bond lattice[J]. Journal of the Mechanics and Physics of Solids, 2005, 53(6): 1295-1313.

[103] Rinaldi A, Lai Y C. Statistical damage theory of 2D lattices: Energetics and physical foundations of damage parameter[J]. International Journal of Plasticity, 2007, 23(10-11): 1796-1825.

[104] Rinaldi A, Krajcinovic D, Peralta P, et al. Lattice models of polycrystalline mi-

crostructures: A quantitative approach[J]. Mechanics of Materials, 2008, 40(1-2): 17-36.

[105] Hakuno M, Meguro K. Simulation of concrete-frame collapse due to dynamic loading[J]. Journal of Engineering Mechanics, 1993, 119(9): 1709-1723.

[106] 侯艳丽. 砼坝—地基破坏的离散元方法与断裂力学的耦合模型研究 [D]. 清华大学, 2005.

[107] 侯艳丽, 周元德, 张楚汉, 等. 用 3D 离散元实现 I/II 型拉剪混合断裂的模拟 [J]. 工程力学, 2007, 24(3): 1-7.

[108] 崔玉柱. 连续与非连续介质的数值模拟与拱坝—地基系统安全分析 [D]. 清华大学, 2001.

[109] 顾祥林, 印小晶, 林峰, 王英. 建筑结构倒塌过程模拟与防倒塌设计 [J]. 建筑结构学报, 2010, 31(6): 179-187.

[110] 成名, 刘维甫, 刘凯欣. 高速冲击问题的离散元法数值模拟 [J]. 计算力学学报, 2009, 26(4): 591-594.

[111] Le B D, Dau F, Charles J L, et al. Modeling damages and cracks growth in composite with a 3D discrete element method[J]. Composites Part B: Engineering, 2016, 91(15): 615-630.

[112] Kumar R, Rommel S, David Jauffrès, et al. Effect of packing characteristics on the discrete element simulation of elasticity and buckling[J]. International Journal of Mechanical Sciences, 2016, 110: 14-21.

[113] Sébastien Hentz, Frédéric V. Donzé, Daudeville L. Discrete element modelling of concrete submitted to dynamic loading at high strain rates[J]. Computers & Structures, 2004, 82(29-30): 2509-2524.

[114] 叶继红, 齐念. 基于离散元法与有限元法耦合模型的网壳结构倒塌过程分析 [J]. 建筑结构学报, 2017(1): 52-61.

[115] 齐念, 叶继红. 基于离散元法的杆系结构几何非线性大变形分析 [J]. 东南大学学报 (自然科学版), 2013, 43(5): 917-922.

[116] 齐念. DEM/FEM 耦合计算方法研究及其在网壳倒塌破坏模拟中的应用 [D]. 东南大学, 2015.

[117] 覃亚男. 基于离散单元法的简单结构静动力响应数值模拟研究 [D]. 东南大学, 2015.

[118] 张梅. 基于离散单元法的单层网壳结构屈曲行为研究 [D]. 东南大学, 2017.

[119] Zhu B C, Feng R Q, Wang X. 3D discrete solid element method for elastoplastic problems of continuity[J]. Journal of Engineering Mechanics, 2018, 144(7).

[120] 朱宝琛, 冯若强. 结构离散实体单元法弹塑性计算软件 [P]. 中华人民共和国国家版权局, 计算机软件著作权, 登记号：2017SR368879.

[121] Zhu B, Feng R Q. Investigation of a boundary simulation of continuity using the discrete solid element method[J]. Advances in Mechanical Engineering, 2019, 11(1): 1-18.

[122] Zhu B, Feng R Q. Discrete solid element model applied to plasticity and dynamic crack propagation in continuous medium[J]. Computational Particle Mechanics, 2019(6):

611-627.

[123] 胡椿昌. 基于离散实体单元法的杆系结构冲击破坏数值模拟研究 [D]. 东南大学, 2017.

[124] Feng R Q, Zhu B, Hu C, et al. Simulation of nonlinear behavior of beam structures based on discrete element method[J]. International Journal of Steel Structures, 2019.

[125] 冯若强, 朱宝琛, 胡椿昌. 基于离散单元法的单层网壳结构冲击破坏数值模拟研究 [J]. 土木工程学报, 2019, 52(5): 12-22.

[126] 王斯妮. 考虑节点连接破坏影响的单层网格结构 PFC3D 模型研究 [D]. 东南大学, 2018.

[127] 宁小美. 考基于离散实体单元法的单层网格结构倒塌性能研究 [D]. 东南大学, 2020.

[128] Rougier E, Munjiza A, John N W M. Numerical comparison of some explicit time integration schemes used in DEM, FEM/DEM and molecular dynamics[J]. International Journal for Numerical Methods in Engineering, 2004, 61(6): 856-879.

[129] Armstrong J B. Introducing simply Fortran[J]. Acm Sigplan Fortran Forum, 2012, 31(2): 20-27.

[130] 王丽娟, 段志东. FORTRAN 语言程序设计：FORTRAN95[M]. 北京: 清华大学出版社, 2017.

[131] Oliver J, Oate E. A total lagrangian formulation for the geometrically nonlinear analysis of structures using finite elements. Part I. Two-dimensional problems: Shell and plate structures[J]. International Journal for Numerical Methods in Engineering, 2005, 20(12): 2253-2281.

[132] Chang B, Shabana A A. Total Lagrangian formulation for the large displacement analysis of rectangular plates[J]. International Journal for Numerical Methods in Engineering, 2010, 29(1): 73-103.

[133] 王晓峰, 张其林. 空间薄壁梁完全拉格朗日格式几何刚度矩阵 [J]. 同济大学学报 (自然科学版), 2009, 39(2): 151-157.

[134] 吴庆雄, 陈宝春, 韦建刚. 三维杆系结构的几何非线性有限元分析 [J]. 工程力学, 2007, 24(12): 19-24.

[135] Léger S, Pepin A. An updated Lagrangian method with error estimation and adaptive remeshing for very large deformation elasticity problems: The three-dimensional case[J]. Computer Methods in Applied Mechanics and Engineering, 2016, 309: 1-18.

[136] Kuhl E, Hulshoff S, De Borst R. An arbitrary Lagrangian Eulerian finite-element approach for fluid–structure interaction phenomena[J]. International Journal for Numerical Methods in Engineering, 2003, 57(1): 117-142.

[137] Griffiths D V, Mustoe G G W. Modelling of elastic continua using a grillage of structural elements based on discrete element concepts[J]. International Journal for Numerical Methods in Engineering, 2001, 50(7): 1759-1775.

[138] Damien André, Iordanoff I, Charles J L, et al. Discrete element method to simulate continuous material by using the cohesive beam model[J]. Computer Methods in Applied Mechanics and Engineering, 2012, 213-216: 113-125.

[139] Meguro K, Tagel-Din H. Applied Element Simulation of RC Structures under Cyclic Loading[J]. Journal of Structural Engineering, 2001, 127(11): 1295-1305.

[140] 齐念, 叶继红. 弹性 DEM 方法在杆系结构中的应用研究 [J]. 工程力学, 2017(07): 17-26.

[141] Zhao G F, Fang J, Zhao J. A 3D distinct lattice spring model for elasticity and dynamic failure[J]. International Journal for Numerical and Analytical Methods in Geomechanics, 2011, 35(8): 859-885.

[142] Zhang Z N, Ge X R. Micromechanical consideration of tensile crack behavior based on virtual internal bond in contrast to cohesive stress[J]. Theoretical & Applied Fracture Mechanics, 2005, 43(3): 342-359.

[143] 徐芝纶. 弹性力学 [M]. 北京: 高等教育出版社, 2016.

[144] Chen J S, Pan C, Wu C T, et al. Reproducing kernel particle methods for large deformation analysis of non-linear structures[J]. Computer Methods in Applied Mechanics and Engineering, 1996, 139(1-4): 195-227.

[145] 王仁做. 向量式结构运动分析 [D]. 中国台湾中央大学, 2005.

[146] 喻莹. 基于有限质点法的空间钢结构连续倒塌破坏研究 [D]. 浙江大学, 2010.

[147] Wu T Y, Lee J J, Ting E C. Motion analysis of structures (MAS) for flexible multibody systems: planar motion of solids[J]. Multibody System Dynamics, 2008, 20(3): 197-221.

[148] Mattiasson K. Numerical results from large deflection beam and frame problems analysed by means of elliptic integrals[J]. International Journal for Numerical Methods in Engineering, 1981, 17(1): 145-153.

[149] Williams F W. An Approach to the Nonlinear Behaviour of the Members of a Rigid Jointed plane Framework with Finite Deflections[J]. Q J. Mech Appl. Math, 1964(4): 451-469.

[150] 张梅. 基于离散单元法的单层网壳结构屈曲行为研究 [D]. 东南大学，2017.

[151] 吴可伟. 空间杆系结构的弹塑性大位移分析 [D]. 清华大学, 2012.

[152] Riks E. An incremental approach to the solution of snapping and buckling problems[J]. International Journal of Solids & Structures, 1979, 15(7): 529-551.

[153] Crisfield M A. An arc-length method including line searches and accelerations[J]. International Journal for Numerical Methods in Engineering, 1983, 19(9).

[154] 杨伯源. 工程弹塑性力学 [M]. 北京: 机械工业出版社, 2014.

[155] 陈明祥. 弹塑性力学 [M]. 北京: 科学出版社, 2010.

[156] 蒋友谅. 非线性有限元法 [M]. 北京: 北京工业学院出版社, 1988.

[157] 葛藤, 贾智宏, 周克栋. 钢球和刚性平面弹塑性正碰撞恢复系数研究 [J]. 工程力学, 2008, 25(6): 209-213.

[158] 刘西拉, 王开健. 材料非线性问题的广义逆力法有限元格式表达 [J]. 岩石力学与工程学报, 2004, 23(21): 3629-3635.

[159] 杨强, 陈新, 周维垣. 三维弹塑性有限元计算中的不平衡力研究 [J]. 岩土工程学报,

2004(3): 323-326.

[160] Mei R, Changsheng L, Liu X. A NR–BFGS method for fast rigid-plastic FEM in strip rolling[J]. Finite Elements in Analysis and Design, 2012, 61: 44-49.

[161] Zhang H, Dong X. Physically based crystal plasticity FEM including geometrically necessary dislocations: Numerical implementation and applications in micro-forming[J]. Computational Materials Science, 2015, 110: 308-320.

[162] Rathbone D, Marigo M, Dini D, et al. An accurate force–displacement law for the modelling of elastic–plastic contacts in discrete element simulations[J]. Powder Technology, 2015, 282: 2-9.

[163] Zhang Y, Mabrouki T, Nelias D, et al. Cutting simulation capabilities based on crystal plasticity theory and discrete cohesive elements[J]. Journal of Materials Processing Technology, 2012, 212(4): 936-953.

[164] 刘连峰, 廖淑芳. 弹塑性自黏结颗粒聚合体碰撞破损的离散元法模拟研究 [J]. 应用力学学报, 2015(3): 435-440.

[165] Thakur S C, Morrissey J P, Sun J, et al. Micromechanical analysis of cohesive granular materials using the discrete element method with an adhesive elasto-plastic contact model[J]. Granular Matter, 2014, 16(3): 383-400.

[166] Pope G G. A discrete element method for the analysis of plane elasto-plastic stress problems[J]. Aeronautical Quarterly, 1965, 17(1): 83-104.

[167] 金峰, 胡卫, 张冲. 考虑弹塑性本构的三维模态变形体离散元方法断裂模拟 [J]. 工程力学, 2011(5): 1-7.

[168] 张冲, 金峰, 徐艳杰. 拱坝—坝肩整体动力稳定分析方法研究 [J]. 水力发电学报, 2007, 26(2): 27-31.

[169] 赵经文. 结构有限元分析 [M]. 哈尔滨: 哈尔滨工业大学出版社, 1988.

[170] Yankelevsky D Z, Karinski Y S. Dynamic elasto-plastic response of symmetrically loaded beams[J]. Computers & Structures, 2000, 76(4): 445-459.

[171] 俞茂宏, 吉嶺充俊, 范文. 工程材料强度理论研究的几次重大进展 [J]. 中国科学基金, 2002, 16(6): 1-3.

[172] Williams J G. Introduction to elastic-plastic fracture mechanics[J]. European Structural Integrity Society, 2001, 28(01): 119-122.

[173] Paik J K, Kim B J, Park D K, et al. On quasi-static crushing of thin-walled steel structures in cold temperature: Experimental and numerical studies[J]. International Journal of Impact Engineering, 2011, 38(1): 13-28.

[174] Nikkhah H, Guo F, Chew Y, et al. The effect of different shapes of holes on the crushing characteristics of aluminum square windowed tubes under dynamic axial loading[J]. Thin-Walled Structures, 2017, 119: 412-420.

[175] Isaac C W, Oluwole O. Numerical modelling of the effect of non-propagating crack in circular thin-walled tubes under dynamic axial crushing[J]. Thin-Walled Structures,

2017, 115: 119-128.

[176] Hanssen A G, Langseth M, Hopperstad O S. Static and dynamic crushing of circular aluminium extrusions with aluminium foam filler[J]. International Journal of Impact Engineering, 2000, 24(5): 475-507.

[177] Alia R A, Cantwell W J, Langdon G S, et al. The energy-absorbing characteristics of composite tube-reinforced foam structures[J]. Composites Part B: Engineering, 2014, 61: 127-135.

[178] Chen S, Yu H, Fang J. A novel multi-cell tubal structure with circular corners for crashworthiness[J]. Thin-Walled Structures, 2018, 122: 329-343.

[179] Peixinho N, Jones N, Pinho A. Experimental and numerical study in axial crushing of thin walled sections made of high-strength steels[J]. Journal de Physique IV (Proceedings), 2003, 110: 717-722.

[180] So H, Chen J T. Experimental study of dynamic crushing of thin plates stiffened by stamping with V-grooves[J]. International Journal of Impact Engineering, 2007, 34(8): 1396-1412.

[181] 徐鹏辉. 新型冷弯薄壁型钢复合钢皮剪力墙抗震性能研究 [D]. 东南大学, 2017.

[182] Park S, Mosalam K M. Parameters for shear strength prediction of exterior beam-column joints without transverse reinforcement[J]. Engineering Structures, 2012, 36(3): 198-209.

[183] Turkalj G, Brnic J, Prpic-Orsic J. ESA formulation for large displacement analysis of framed structures with elastic–plasticity[J]. Computers & Structures, 2004, 82(23): 2001-2013.

[184] 喻莹. 基于有限质点法的空间钢结构连续倒塌破坏研究 [D]. 浙江大学, 2010.

[185] Mcdowell G R. Discrete element modelling of soil particle fracture[J]. Géotechnique, 2002, 52(52): 131-135.

[186] Tavarez F A, Plesha M E. Discrete element method for modelling solid and particulate materials[J]. International Journal for Numerical Methods in Engineering, 2007, 70(4): 379-404.

[187] Bono J P D, Mcdowell G R. Particle breakage criteria in discrete element modelling[J]. Géotechnique, 2016, 66(12): 1014-1027.

[188] Sinaie S. Application of the discrete element method for the simulation of size effects in concrete samples[J]. International Journal of Solids and Structures, 2017, 108(1): 244-253.

[189] 张正珺, 刘军, 胡文. 混凝土材料破坏过程的二维离散元模拟 [J]. 水力发电学报, 2010, 29(5): 22-27.

[190] Guo Y, Wassgren C, Curtis J S, Xu D. A bonded sphero-cylinder model for the discrete element simulation of elasto-plastic fibers. Chemical Engineering Science, 2018, 175(16): 118-129.

[191] 李承. 基于离散单元法的钢筋混凝土框架结构爆破拆除计算机仿真分析 [D]. 同济大学, 2000.

[192] 刘凯欣, 郑文刚, 高凌天. 脆性材料动态破坏过程的数值模拟 [J]. 计算力学学报, 2003, 20(2): 127-132.

[193] 成名, 刘维甫, 刘凯欣. 高速冲击问题的离散元法数值模拟 [J]. 计算力学学报, 2009, 26(4): 591-594.

[194] Liu K, Liu W. Application of discrete element method for continuum dynamic problems[J]. Archive of Applied Mechanics, 2006, 76(3-4): 229-243.

[195] Seifi R, Kabiri A R. Lateral load effects on buckling of cracked plates under tensile loading[J]. Thin-Walled Structures, 2013, 72: 37-47.

[196] Seifi R, Khoda-Yari N. Experimental and numerical studies on buckling of cracked thin-plates under full and partial compression edge loading[J]. Thin-Walled Structures, 2011, 49(12): 1504-1516.

[197] 符栋. 美国北极星导弹一次爆炸事故的分析 [J]. 中国航天, 1982(8): 25.

[198] 程靳. 断裂力学 [M]. 北京: 科学出版社, 2006.

[199] Griffith A A. The phenomena of rupture and flow in solids[J]. Philosophical Transactions of the Royal Society of London. Series A, Containing Papers of a Mathematical or Physical Character, 1921, 221: 163-198.

[200] Irwin G R. Analysis of stresses and strains near end of a crack traversing a plate[J]. Journal of Applied Mechanics, 1957, 24: 361-364.

[201] Rice J R. A path-independent integral and the approximate analysis of strain[J]. Journal of Applied Mechanics, 1968, 35(2): 379-386.

[202] Cherepanov G P. On crack propagation in solids[J]. International Journal of Solids and Structures, 1969, 5(8): 863-871.

[203] Hutchinson J W. Singular behaviour at the end of a tensile crack in a hardening material[J]. Journal of the Mechanics and Physics of Solids, 1968, 16(1): 13-31.

[204] Rice J R, Rosengren G F. Plane strain deformation near a crack tip in a power-law hardening material[J]. Journal of the Mechanics and Physics of Solids, 1968, 16(1): 1-12.

[205] 刘中祥. 大跨钢桥疲劳裂纹扩展的数值模拟研究 [D]. 东南大学, 2015.

[206] Nishioka T, Tokudome H, Kinoshita M. Dynamic fracture-path prediction in impact fracture phenomena using moving finite element based on Delaunay automatic mesh generation[J]. International Journal of Solids and Structures, 2001, 38(30): 5273-5301.

[207] Lynn K M, Isobe D. Finite element code for impact collapse problems of framed structures[J]. International Journal for Numerical Methods in Engineering, 2007, 69(12): 2538-2563.

[208] Leclerc W, Haddad H, Guessasma M. On the suitability of a discrete element method to simulate cracks initiation and propagation in heterogeneous media[J]. International

Journal of Solids and Structures, 2016: S0020768316303444.

[209] Le B D, Dau F, Charles J L. Modeling damages and cracks growth in composite with a 3D discrete element method[J]. Composites Part B: Engineering, 2016, 91: 615-630.

[210] Wittel F K, Kun F, KroPlin B H, et al. A study of transverse PLY cracking using a discrete element method[J]. Computational Materials Science, 2003, 28(3-4): 0-619.

[211] Yang D, Sheng Y, Ye J, et al. Discrete element modeling of the microbond test of fiber reinforced composite[J]. Computational Materials Science, 2010, 49(2): 0-259.

[212] Ma Y, Huang H. DEM analysis of failure mechanisms in the intact Brazilian test[J]. International Journal of Rock Mechanics & Mining Sciences, 2018, 102: 109-119.

[213] Braun M, Fernández-Sáez J. A 2D discrete model with a bilinear softening constitutive law applied to dynamic crack propagation problems[J]. International Journal of Fracture, 2016, 197(1): 81-97.

[214] Braun M, Fernández-Sáez J. A new 2D discrete model applied to dynamic crack propagation in brittle materials[J]. International Journal of Solids and Structures, 2014, 51(21-22): 3787-3797.

[215] Hentz S. Identification and validation of a discrete element model for concrete[J]. Journal of Engineering Mechanics, 2004, 130(6): 709-719.

[216] 黄庆华. 地震作用下钢筋混凝土框架结构空间倒塌反应分析 [D]. 同济大学, 2006.

[217] 王强. 基于离散单元法的钢筋混凝土框架结构非线性与地震倒塌反应分析 [D]. 同济大学, 2005.

[218] 王强, 吕西林. 离散单元法在框架结构地震反应分析中的应用 [J]. 地震工程与工程振动, 2004(5): 73-78.

[219] Erdogan F. On the crack extension in plates under plane loading and transverse shear[J]. Journal of Basic Engineering Transactions ASME, 1963, 85: 519-525.

[220] Sih G C. Strain-energy-density factor applied to mixed mode crack problems[J]. International Journal of Fracture, 1974, 10(3): 305-321.

[221] Sih G C, Macdonald B. Fracture mechanics applied to engineering problems-strain energy density fracture criterion[J]. Engineering Fracture Mechanics, 1974, 6(2): 361-386.

[222] Palaniswamy K, Knauss W G. On the problem of crack extension in brittle solids under general loading[J]. Mechanics Today, 1978, 4: 87-148.

[223] Bilby B A, Cardew G E. The crack with a kinked tip[J]. International Journal of Fracture, 1975, 11(4): 708-712.

[224] Lo K K. Analysis of ranched crack[J]. Journal of Applied Mechanics, 1978, 45: 792-802.

[225] Hussain M A, Pu S L. Strain energy release rate for a crack under complex loading[J]. Elasticity, 1975.

[226] Ye J H, Qi N. Progressive collapse simulation based on DEM for single-layer reticulated domes[J]. Journal of Constructional Steel Research, 2017, 128: 721-731.

[227] 方韬. 离散单元法的研究及其在结构工程中的应用 [D]. 浙江大学, 2004.

[228] Hakuno M, Meguro K. Simulation of concrete- frame collapse due to dynamic loading[J]. Journal of Engineering Mechanics, 1993, 119(9): 1709-1723.

[229] Utagawa N, Kondo I, Yoshida N, et al. Simulation of demolition of reinforeced concrete buildings by controlled explosion[J]. Computer-Aided Civil and Infrastructure Engineering, 2008, 7(2): 151-159.

[230] Davie C T, Bicanic N. Failure criteria for quasi brittle materials in lattice models[J]. International Journal for Numerical Methods in Biomedical Engineering, 2010, 19(9): 703-713.

[231] Mohammadi S, Forouzan-Sepehr S, Asadollahi A. Contact based delamination and fracture analysis of composites[J]. Thin-Walled Structures, 2002, 40(7-8): 595-609.

[232] Bazant Z P, Planas J. Fracture and size effect in concrete and other quasibrittle materials[J]. EPFL, 1997.

[233] Kosteski L E, Iturrioz I, Cisilino, Adrián P, et al. A lattice discrete element method to model the falling-weight impact test of PMMA specimens[J]. International Journal of Impact Engineering, 2015: S0734743X1500127X.

[234] Nayfeh A H, Hefzy M S. Continuum modeling of three-dimensional truss-like space structures[J]. AIAA Journal, 1978, 16(8): 779-787.

[235] Sheng Y, Yang D, Tan Y, et al. Microstructure effects on transverse cracking in composite laminae by DEM[J]. Composites Science & Technology, 2010, 70(14): 2093-2101.

[236] Ji G, Ouyang Z, Li G, et al. Effects of adhesive thickness on global and local Mode-I interfacial fracture of bonded joints[J]. International Journal of Solids and Structures, 2010, 47(18-19): 2445-2458.

[237] Xing C, Zhou C. Finite element modeling of crack growth in thin - wall structures by method of combining sub- partition and substructure[J]. Engineering Fracture Mechanics, 2018, 195(15): 13-29.

[238] Zhuang Z, Cheng B B. A novel enriched CB shell element method for simulating arbitrary crack growth in pipes[J]. Science China, 2011, 54(8): 1520-1531.

[239] 张鹏飞. 结构破坏行为的数值模拟计算方法研究 [D]. 浙江大学, 2016.

[240] 喻莹. 基于有限质点法的空间钢结构连续倒塌破坏研究 [D]. 浙江大学, 2010.